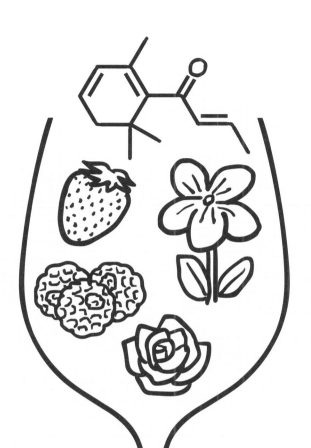

WINE

ブラインドテイスティングの教科書

鈴木明人
Akito Suzuki

はじめに

　「ブラインドテイスティングは難しい」と聞くことがあります。私もそう思っています。

　私が諦めずにブラインドテイスティングを繰り返し続けているのはブドウ品種を当てることが目的だったわけではなく、ワインの魅力、おもしろさを深く感じているからです。ブラインドテイスティングは「ワインとは頭で飲むものではなく心で感じるものだ」と私に気づかせてくれたのです。

　私にとってワインは魅力的で不思議な存在です。同じブドウであっても品種が違うだけでこれほど違いを実感できるのはなぜなのか？　同じ品種であれば世界のあらゆる場所で造ってもどこか共通した味わいが生まれるのはなぜなのか？　そして人間はこの精緻な違いを感じ取ることができるのはなぜなのか？　謎はまだ解けていません。

　わかっていることはブラインドテイスティングの練習を続けることでこの違いをはっきりと感じることができ、結果として正答できるということです。私自身ワインを飲み始めた頃と今では異なる繊細な感覚を得ることができ、結果としてまったく違う風景が見えるようになりました。日々成長を実感できることもブラインドテイスティングを継続する原動力になっています。

　私はブラインドテイスティングとはワインと対話することだと思っています。頭で考えるのではなくワインを心で感じる必要があるからです。ワインは単なる飲み物ではなく、自分に影響を与えてくれる存在なのです。このような違った視点でワインと向き合うことができるようになってから、ワインから感じることを答えにできるようになりました。そして正答だったときはワインと自分がシンクロしているような深い感動を得られるようになりました。ワインは自分に語りかけ、ワインと通じ合ったように感じるのです。

ブラインドテイスティングはワインを深く感動させてくれる方法です。訪れたことのない産地のワインをわかってしまうなんて！　このような体験ができることがブラインドテイスティングの魅力なのです。

　さらにブラインドテイスティングを通して人間としての成長を実感できると思っています。多くの失敗と反省を繰り返すことによって自分自身をより理解できるようになります。また、共にブラインドテイスティングに挑む多くの仲間とのつながりもできます。

　私が10年間の取り組みの中で学んだこと、感じたことをこの本に詰め込みました。ブラインドテイスティングを難しいと感じている人、興味がある人、チャレンジしたい人、なかなか成果が得られないと感じている人、さらに飛躍したい人、そしてワインを愛する多くの人に読んでいただけたらと思います。
　本書が皆さんとワインとの新たな出会いのきっかけになることを願っています。

鈴木明人

Contents

第1章
ブラインドテイスティング

第2章　人間を知る
科学的アプローチ

第**3**章　ブラインドテイスティングをする

第4章　ワインを知る

第5章　ワインの評価項目

第**6**章　知識を活かす　醸造方法

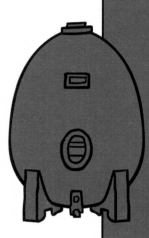

第**7**章　知識を活かす　ブドウ品種

本書について

　ブラインドテイスティングをするのに必要な知識とノウハウを掲載しています。これらはさまざまな書籍や情報を覚えるだけでなく、自分が疑問に思ったことを調べ、10年間のブラインドテイスティング経験を基にしています。特徴としてワインを科学的な観点から理解して、ブラインドテイスティングで正答することを主としています。

　第1章ではブラインドテイスティングとは何かを、第2章ではブラインドテイスティングに生かせる人間の能力について、第3章はブラインドテイスティングのメソッド、第4章はワインの成分、第5章はワインの分析とどう評価するか、第6章と第7章は知識として醸造やブドウ品種を知ります。第7章のワインは、ブラインドテイスティングでよく出題される39品種について解説しています。

　本文中で重要だと思う内容にはマーカーでチェックを入れてあります。文章と併せて写真や図解も掲載していますので、目で見て理解することもできます。**Column**や豆知識などは気軽に楽しんで読めるページです。専門的な用語については各ページの下に記載、醸造やワイン、ブドウについては**262**ページもご覧ください。

　258ページからは、本書で使用したテイスティングするのに良いワイン一覧を掲載していますので、ワイン選びの参考にしてください。

第 1 章

ブラインドテイスティング

　世界中の国々で造られ、多彩な香りや味わいがワインの魅力でしょう。

　飲むたびに新たな発見があり人々を楽しませますが、もしも目の前のグラスに注がれたワインのブドウ品種、生産国、生産年をあなたが言い当てることができたならば人々はどんな反応をするでしょうか?

　手品のようだと驚くことでしょう。ブラインドテイスティングはそんな驚くべき能力であり、世界のワインを見極める技術なのです。

ブラインドテイスティングとは

　ブラインドテイスティング（以下ブラインドと省略します）はワインを理解する最も効果的な方法であり、ワインを科学的に評価するための官能評価、ワインを品評するためのコンペティションでの評価、またワインの専門家としてソムリエの技量・能力を測るためのコンクールなどで用いられている手法です。ワインを理解するためにこれを超える方法はありません。

　ブラインドはさまざまな目的で行われますが、日本ソムリエ協会の各種資格試験ではブラインドにてワイン分析を行い、さらにはその属性（ブドウ品種、生産国、生産年など）が問われます。またさまざまなワインのコンテスト、またはワインスクールで行われているブラインド大会では正答を競っています。ブラインドは世界大会も行われており、イギリスにはブラインドの協会が存在しています。このように非常に専門性の高いワインのブラインドは世界中で行われているのです。

　私はブラインドに人一倍執念を燃やし努力を続け、何度も挫折しました。めげずに挑み続けることができたことが自分の強みだと思いますし、その挫折があったからこそ本書の執筆をしているのだろうと思っています。本書を始めるにあたり、私がいかにブラインドに挑み続けたかをまず皆さんにお話ししたいと思います。

挫折続きのブラインド

　私は酔えればいいんだ程度の酒好きで、低価格のワインしか飲んだことがありませんでした。しかし2012年の新年の目標でワインの勉強を始めてみようかと思いつきました。調べてみると勤務先のそばに日本最大手のワインスクールがあったこともあり、ワインエキスパートを受験しようと思い立ちました。私は充実したワインライフを夢見ていましたが、ブラインドという大きな壁が立ちはだかったのです。最初は何をすれば良いのかよくわからず、たくさんの白丸のあるマークシートを眺めていました。そもそも言葉の意味がわからないし、書かれている香りは知らない単語ばかり。液体の色、ディスク、粘性など見よう見まねでマークしていきましたが、

→ **官能評価**…人間の五感（視覚、聴覚、嗅覚、味覚、触覚）を使って、ものを評価すること。

　何のためになぜそれを知る必要があるのか理解できていませんでした。香りもグレープフルーツの香りがあると石灰もマークする必要がある、などよくわからない自分ルールを見つけ出し、なぜその香りが生じるのかとはまったく考えていませんでした。

　当然ブドウ品種など当てずっぽうです。たまたま当たったらぬか喜び、自分ははずれて仲間が合っていると劣等感を覚えてへこんでいました。多くの時間と自己投資をして授業を受けましたが、手応えを感じた日もあれば挫折感を覚えて帰宅する日もありました。試験日が迫る中よくわかっていない自分に焦っていました。

　特に気になったのは品種を特定するまでに、自分の気持ちの揺れや迷いが生じることによって回答が左右されることです。考え続けても正答がわからない、今までの学校で受けた学科の試験とはまったく違う試験であり、答えを知らないわけでもなく、答えの導き方がわからないわけでもない、とにかく答えが決まらない迷路のような感覚です。答えが決められない不安な気持ちは荒波を漂う小舟のようでした。

　第二次試験の前日の練習ではシャルドネをはずし、最後までよくわかっていない中、試験終了。結果は奇跡的に合格することができましたが、満足はできず、不甲斐なかった原因を振り返ってみると、試験の目的を正しく理解できていなかったこと、分析項目の意味、品種の特徴の理解が足りていなかったと思いました。合格はしたが何もわかっていない、ワインが理解できていない自分に憤りを感じました。この経験がブラインド探求の原動力になったのです。

合格からの再スタート

　自分自身はワインエキスパートという肩書と程遠いように感じ、資格をいただいた以上はなんとかせねばという気持ちから、2013年に仲間とブラインドの勉強会を立ち上げました。時を同じくして2014年から通学していたワインスクールでブラインドの大会が始まり、まずはそこで結果を出すことを目的に練習しました。2014年9月に行われた第1回の大会では当然予選落ち。理解している品種の幅が少ないことが課題で、第二次試験で出題される品種だけでなくさらに幅広く理解する必要性を感じました。

　2015年3月に行われた第2回の大会で運良くも予選を通過してしまったことが自分にとっての最大の転機になりました。結果4位になったのですが、超えられない大きな壁があることに気づいたのです。決勝の舞台では参加者の面前に立って回答を皆に示すことになります。このとき自分に大きなバイアスがかかりました。ワインに向き合う以前に、「皆に示す回答が恥ずかしくない品種なのか?」「あいつわかってないなと思われないか?」など余計な緊張がどんどん高まっていき、その場で何を回答したのか覚えていないほどでした。結果的にワインにまったく向き合わず自分の中でグルグルと思考を巡らし続けました。当然そんな自分に答えが現れるはずもなく、1位との差は計り知れないように感じました。何となくの経験だけで当たったはずれたを繰り返していてもブラインドで結果を出せないと悟ったのです。

　2015年からやり方を大きく変えると徐々に結果が出るようになり、コンスタントに予選を通過するようになりました。そしてなんと2016年、2017年とその大会で優勝しました。

　なぜ成果が出せるようになったのか。それは結果の振り返りと分析です。2013年から2015年まで何十回も練習をしていたにも関わらず、結果を放置していました。そこで自分が実施したブラインドの結果を集計したところ、おもしろいことに気づきました。シラーとカベルネ・ソーヴィニヨン、サンジョヴェーゼとテンプラニーリョをかなりの確率で逆に回答していること、メルロは10回回答して1回しか正答していないこと、グリューナー・ヴェルトリーナーは1度も正答できていないなど、問題点が明確になりました。ここから闇雲に練習するのではなく、自宅で精度の低い品

種の比較試飲を繰り返しました。並べて比較してみるとなぜ間違えたのだろうと思うほどはっきりした違いに気がつきました。またその当時まったく正解できていないけれど出題率が高い品種、特にグリューナー・ヴェルトリーナーやアルバリーニョ、アリゴテなどは異なる生産者のアイテムを各6本ずつ購入して、日々比較しつつ飲むようにしました。**飲んでいないのにわかるはずがないという当たり前のことに気づいた**からです。すると共通の特徴が見えてきました。グリューナー・ヴェルトリーナーは白胡椒と言われていましたが、私にはアスパラガスのような茎の香りがあることに気づきました。アルバリーニョも塩味があると言われていましたが、私にはオレンジのような橙色の果実の香りが特徴的にあると思えました。このように自分の中で品種の特徴を見出せたことは大きな発見でした。

　次に行ったことはバイアス対策です。緊張して自分を見失わないように、ビジネススキルの問題解決の手法を取り入れました。まず**最終判断をする前に選択肢をいくつも出して最終的にひとつに絞ろう**と思いました。さらに今まで答えが見つからない状態でワインを口にして、それでも答えが見つからず袋小路に陥ったことが度々あったため、ワインを飲む前、つまり外観と香りだけで選択肢を出し、飲んで特定する「クンクンメソッド」の原形を思いつきました。試してみると、外観、香りで選択肢が出せているので、答えが出ず焦ることがなく精神的に安定しました。最初は選択肢をなかなか出すことができず苦労しましたが、諦めず繰り返すことによって徐々に答えが浮かぶようになりました。また間違え方のパターンを分析していたことが大きく、例えば自分がシラーと思うのであればカベルネ・ソーヴィニヨンの可能性があるな、など選択肢を増やしながら仮説を広げることができるようになりました。

　このやり方を取り入れたことによって正答率は大きく向上し、2018年には別のワインスクールの大会でも初優勝することができました。

→ **ワインエキスパート（J.S.A. ワインエキスパート）**…一般法人日本ソムリエ協会が認定する資格。職業を問わず、20歳以上なら誰でも受験することができる。第一次試験は筆記、第二次試験はテイスティングがある。

科学的な視点から考える

　2017年にはシニアワインエキスパート（現ワインエキスパートエクセレンス。以下エクセレンスと省略します）を受験し、科学の視点でワインを見ることの重要性に気づきます。

　エクセレンスの第三次試験は時間内に論述文を作成する試験で、このときにワイン関連の多くの書籍には根拠となる引用が示されていないことに気づいたのです。科学の世界では科学的根拠は重要で、引用を示すことによって情報の正確さ、脈々とつながる研究の歴史を紐づけていきます。論述文のテーマを考えて模範解答を準備した際に、山梨大学や京都大学、北海道大学、酒類総合研究所など日本でワイン研究をリードする研究機関の論文にたどり着きました。論文には世界各国の研究機関での研究が引用として紐づけられており、私の好奇心は世界のワイン研究に広がっていきました。ワインの成分や醸造によってどのような化学変化が起きているのかジグソーパズルのようにつながり、科学的な視点をブラインドにも活かせることができるようになりました。

　この10年間で多くの学びや発見がありました。ブラインドを通して実力ある仲間たちとの出会いがあり、多くの刺激を感じつつ、飽きることなく今もブラインドを続けています。またさまざまなブラインド大会が開催されるようになり、今やアシルティコといった土着品種までも正答する光景を見ることができます。ただブラインドで優れた成果を発揮する人はごく一部であり、なかなか差が埋まらないと感じている方が多いのではと思っています。またそもそもブラインドを得意と思える人はごく一部であり、大半の人にとっては私が感じていたように難しいと感じるはずです。

ブラインドの難しさ

　日本ソムリエ協会の各資格試験に合格するためにはワインの官能評価、属性の特定を目的とした第二次試験があり、ブラインドは避けて通れません。そのためまっ

→ **ワインエキスパートエクセレンス**…ワインエキスパートの上位資格。ワインエキスパート資格認定後5年目以降、協会の定める基準日以降に満30歳以上の人が受験できる。第一次試験は筆記、第二次試験はテイスティング、第三次試験は論述の3つの試験がある。

たくワインを学んだことがない方から、ワイン歴の長いベテランの方、ワインを職業としている方まで同じ条件でブラインドに挑むことになります。第一次試験ではワインの知識が問われますので、ワインラベルから産地、生産者、品種、生産年などの情報を基にワインを理解できる実力が求められます。これはソムリエがお客さんにワインを説明する際に必要な知識と言えます。このようなワインの知識は勉強すれば得られるのですが、ブラインドはそうはいきません。平たく言えば、**人が感覚的に捉えるワインの特徴と知識を紐づけ、ブドウ品種、生産地域、生産年を特定することが必要**になります。多くの人にとって初めて行う**感性と知性の共同作業**であり、人間の本質的かつ高度な能力が要求されます。

　そしてこの試験に挑んでみると明らかになることがあります。それはブラインドを得意と思える人と不得意と思う人に分かれるということです。品種をズバリ言い当てることができる人は皆から称賛されます。自分の感覚が優れているような喜びが湧き上がり、再び称賛を受けるべく努力を重ねようと思います。一方、不得意と思う人は自分のブラインドの結果に失望し、自分が人より劣っているのではないか？と疑心暗鬼になります。甲州をシャルドネと答えてしまったとき、ピノ・ノワールをカベルネ・ソーヴィニヨンと答えてしまったとき、だんだんと闇は深くなっていきます。そして自分自身の出す答えが信じられなくなってしまったときに、完全に袋小路に入ります。ブラインドなどしないほうがワインは楽しいと感じることでしょう。

ブラインドの優劣は感覚では決まらない

　私はブラインドの得意、不得意は、その人のもつ感覚的な優劣、まして嗅覚や味覚の感度で決まるわけではないと思っています。人間には個体差なく刺激を捉える感覚器、受容体が備わっており、そこに優劣はありません。もちろんいくつかの刺激に対する個人差（遺伝子的な欠損により特定の香りに反応しない）や病気や身体的な影響（例えば鼻腔の変形など）はありますが、健常であれば大きな影響はありません。そもそも**ブラインドは、感じること、考えることを明確に区別する頭の使い方が極めて重要**だと考えています。私はこのことに気づいてから視界が一気に広がりました。苦手と感じている人はこの点が上手くできていない可能性があります。

官能評価と属性の特定

　一般呼称資格の第二次試験にも難しさがあります。 皆さんはワインの官能評価
（第二次試験の評価項目など）が100% 正確にできれば品種を正答できると思いま
すか？ 私は十分条件ではあるものの絶対条件ではないと思っています。例えば世
界で行われているソムリエの世界大会の様子がテレビで放送されますが、世界最高
レベルのテイスティングコメントを述べ、的確なサービスをすることができるソムリ
エでもなかなかブラインドは当たりません。私は品種の正答を目指すブラインドと
官能評価は50m走と障害物競走くらい異なると思っています。品種を正答すること
は50m 走であり、分析、表現をせずとも自分の中で答えを見出し正答することが
できます。一方、官能評価は外観、香り、味わいの評価項目を正確にかつ伝わる
表現で回答する必要があります。これはワインを正確に分析するために必要なこと
であり重要です。第二次試験の難しさは、正確な官能評価を行えば品種が正答で
きるのではないかと誤解を与えている点にあると私は考えています。品種の特定に
必要なことは品種の特徴を正確に感じ取ること、感じ取った情報を基に答えに結び
つけていくことです。これは官能評価項目では網羅できない複雑かつ複数の情報
を用いて、総合的に答えにたどり着く能力が必要になってきます。つまり第二次試
験ではまず官能評価の分析力を上げることは必須ですが、品種の正答を得るため
にはブラインド力の向上が必要なのです。

　そして私が大きな声でお伝えしたいことは、**ブラインド力を上げれば分析力は後
からついてきます。逆に分析力を上げてもブラインド力を上げることは容易ではあり
ません。** アプローチが違うのです。

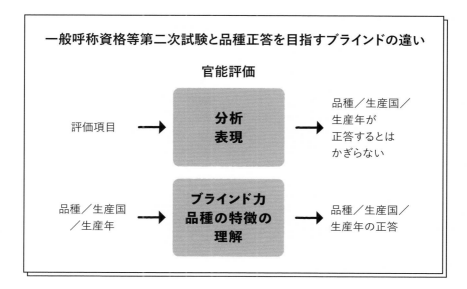

一般呼称資格等第二次試験と品種正答を目指すブラインドの違い

官能評価

評価項目　→　**分析 表現**　→　品種／生産国／ 生産年が 正答するとは かぎらない

品種／生産国 ／生産年　→　**ブラインド力 品種の特徴の 理解**　→　品種／生産国／ 生産年の正答

ブラインドの能力向上の考え方

　ブラインドでまず行うべきはフォームを作ることです。自分なりのやり方でよいのですが、正しいフォームで行う必要があります。野球のフォームをイメージしていただきたいのですが、ただ闇雲にバットを振るのではなく自分の能力を最大化させる方法で行うと効果的です。

　本書はブラインドの方法論を体系化して整理しています。ブラインドの難しさは人間の真の能力が知られていないことにあると私は考えています。そこで我々人間がどのような能力をもっているのか、どのような特徴があるのか、そしてその特徴を生かした効果的なブラインドテイスティングの方法を説明していきます。また総合力を向上させる継続的な取り組みについてもお話しします。

　第2章では人間の能力についてお話します。本書を通して「ブラインドは楽しい!」「ワインと向き合いたい!」と思う仲間が増えることを私は期待しています。では一緒にブラインドの旅を始めましょう。

Column-1

　亜硫酸による健康への影響が語られることは多いですが、「亜硫酸は無添加のほうが良い」という迷信が都市伝説のようにいつまでも蔓延しているように感じます。亜硫酸のワインへの使用は紀元前にまで遡ります。現代では科学的な検証に基づく添加量の目安、使用するタイミングなど明確な方法が確立しています。そして亜硫酸には安全なワインを造る上で必要不可欠な作用が多くあります。酸化防止や色の安定化に加え、有害な微生物の殺菌や繁殖を防止する作用があります。これはワインの中で好ましくない汚染微生物の産膜酵母など野生酵母や乳酸菌、酢酸菌などのバクテリアが繁殖するのを防ぐのです。

　そして近年健康への影響が危惧されているのは生体アミン（アミノ酸から生成される化合物）、特にチラミンやヒスタミンといった成分がワイン中に存在するという問題です。体内で産生される物質ですので少量であれば問題は少ないのですが、ワイン中の生体アミンは主に野生乳酸菌によって生じ、中でもヒスタミン、チラミンが特に強い作用をもたらすことが知られています。ヒスタミンはスギやヒノキ、ブタクサなど花粉症で知られていますが、くしゃみ、鼻水、鼻づまりなどのアレルギー症状や、蕁麻疹、嘔吐、下痢、腹痛、舌や顔面の腫れ、頭痛、発熱等を引き起こします。チラミンはチーズにも多く含まれ、血管収縮作用により、脳血管を収縮させ頭痛を発症させます。ワインを飲んで体が痒くなることや急な吐き気、頭痛が起きたことはないでしょうか？　これは生体アミンによる症状だったかもしれません。

　チーズやドライフルーツなどの乾物にも生体アミンが含まれることがあります。大量の生体アミンを摂取すると、アルコールと相まって二日酔いの原因になりえます。ドイツ、ベルギー、フランス、スイスなどのヨーロッパ諸国では、赤ワインで2〜10mg/L の生体アミン（ヒスタミンなど）の上限値が規定されていますが、日本ではこのような規定はありません。

　生体アミンの産生を抑えるためには、しかるべきタイミングで亜硫酸の添加を行うことによって不要な微生物をしっかり抑えることです。健康被害を防ぐためには亜硫酸が必要であり、迷信とは逆であることを理解する必要があります。

第2章
人間を知る
科学的アプローチ

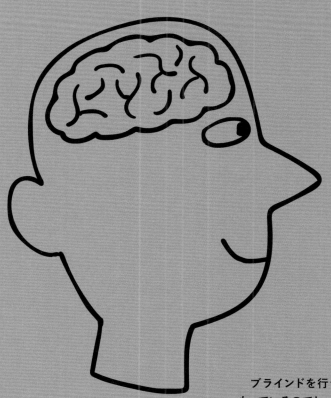

ブラインドを行うあなたはどんな能力を
もっているのでしょうか？
　人間にはワインと向き合うことで見出せる
多くの能力があります。人間の真の能力を知
ることでブラインド力を向上させる方法が見
えてきます。

人間の五感

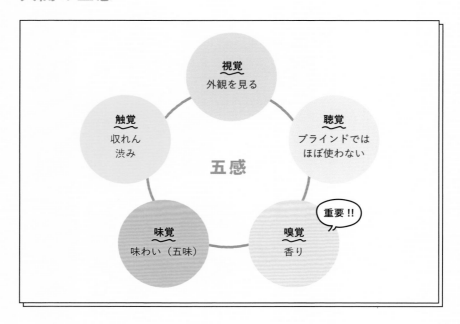

　人間は外界を感知するときに5つの感覚機能を用いて情報を入手します。これを五感と呼び、視覚、嗅覚、味覚、触覚、聴覚として整理できます。ではテイスティングで用いる感覚は何でしょうか？

　ワインの外観は視覚、香りは嗅覚、味わいは味覚で確認します。では日常の中で使用頻度の高い触覚はどうでしょうか？　テイスティングにおいてこの感覚は限定的で、ワインを口に含んだときに感じるタンニンによる渋み、つまり口の中が締めつけられるような感覚（収れん）として感じられます。つまりここで言う収れんは味覚ではないのです。この点は重要ですので、第2章五味以外の味　渋味、辛味で改めて説明します。では聴覚はどうでしょうか？　スパークリングワインの泡立ちはかすかな音がしますがブラインドで用いることはありません。

　さてブラインドにおいて五感の中で最も生かすべき感覚は嗅覚です。ワインは味わいを楽しむ飲み物ですので、なぜ嗅覚なのかと疑問をもたれる方がいらっしゃるかもしれません。**嗅覚はワインを豊かに楽しむ上で欠かせない感覚**です。一方で**嗅**

覚からの情報は人間が何かを判断するために用いられる頻度は少ないため、もし我々がワインを学ばなければ、それほど用いなかった感覚かもしれません。ただ私の経験では嗅覚はブラインドを通して向上しており、練習を続けていくことによって香りを明確に細分化ができるようになります。これは例えるなら昭和50年代に流行したインベーダーゲームのように粗い画質で見えていたものが、プレイステーション5のような高解像度の画質で立体的に見えるようなイメージです。

　さて生活の中であまり用いられていない嗅覚ですが、動物にとっては最も重要な感覚なのです。

嗅覚の重要性

　嗅覚は五感研究の中で最も取り残された、あるいはまだまだ未開でありわからないことが多い感覚と評されています。臭覚と言われることもあり、臭い・臭くないと感じるだけの感覚と侮られることもあります。

　多くの哺乳類にとって嗅覚の最も重要な役割は危険を察知することで、生存するために必要不可欠です。なぜなら多くの生物は嗅覚で得られた情報によっていち早く危険を察知し身を守ろうと行動します。例えば皆さんがアフリカのシマウマだったとします。天敵はもちろんライオンです。皆さんは自分の身を守るためにはライオンをいち早く察知する必要があります。目視でライオンを探していたら見つけたときにはすでに逃げ切れないかもしれません。そうならないようにライオンの匂いをいち早く察知し、脱兎のように逃げることによって生き延びることができます。

　では我々人間も匂いから危険を感じたことはないでしょうか？　例えば何かが燃えたような臭い、あるいはガス漏れを感じたときの臭い、モノが腐ったときの腐敗臭など。このような匂いを感じて体中に電流が走ったような経験をしたことが一度はあると思います。このように嗅覚は人間にとっても危険を知らせる感覚として重要な役割を担っています。人間はシマウマとは異なり急にライオンに襲われることはありませんが、日々の中で嗅覚が危険を捉える可能性は少なくありません。

→ **ガスの臭い**…多くのガスは無色・無臭のためガス漏れに気づくように不快な臭いがつけられている。

23

香りによる生体への影響

　嗅覚から得られる刺激は人体に良い作用をもたらすことがあります。植物や果物、さらに動物からの抽出物によって多くの香料が造られてきました。紀元前から香料の歴史は始まっており、その香りは太古の人々を魅了してきました。非常に貴重な香料は高額な価格で取引され、莫大な富を求めてハンターは香料を探し、乱獲によって動物や植物が絶滅しました。近年ではさまざまな香料は化学合成が可能になっています。

　さらに香料の研究は進化しています。香りの中には人間の精神状態に好影響を及ぼす作用をもたらす成分があり、アロマテラピー療法が注目されました。例えばラベンダーやカモミールなどの香り成分からの刺激によって、脳の働きや精神状態が改善することが報告されています。またアルツハイマー型認知症患者など認知機能が低下している患者さんに対して、複数の精油を散布することによって認知機能の改善が確認されています。さらに抗不安作用、抗うつ作用、抗鎮静作用などリラックス効果があるといった報告もあります。ではなぜ香りを嗅ぐことによってこのような作用が生じるのでしょうか？

　香り成分は嗅覚細胞に達することで神経刺激が伝達され、大脳辺縁系に到達します。大脳辺縁系は学習・記憶、情動などの機能と密接に関連している部位です。そして、香りからの刺激はさらに視床下部に伝えられます。視床下部は自律神経系や内分泌系を支配しています。自律神経系は交感神経系と副交感神経系から成り立っており、交感神経系はストレスまたは緊張状態に備える働きをしていて、心拍数・呼吸数・血流量の増加、血圧の上昇、および消化運動の抑制などを引き起こします。副交感神経系はリラックスした状態で働き、心拍数・呼吸数・血流量・血圧の低下を引き起こし消化運動が活発になります。微量な香りによる刺激は副交感神経への刺激、あるいは交感神経系をリラックスさせる作用を生じさせることによって人体に大きな作用をもたらしているのです。

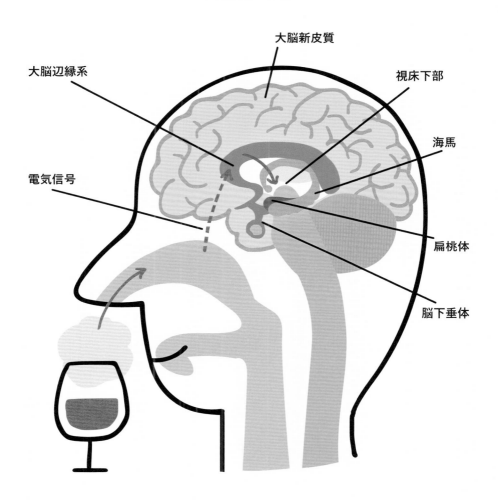

大脳新皮質

大脳辺縁系

視床下部

海馬

電気信号

扁桃体

脳下垂体

交感神経系 ＝ストレス、緊張状態に備える	副交感神経系 ＝リラックスした状態で働く

心拍数
呼吸数
血流量 　↑UP　消化運動 ↓DOWN

心拍数
呼吸数
血流量 ↓DOWN　消化運動 ↑UP

嗅覚欠損によるリスク

　嗅覚のポジティブな側面についてお話ししましたが、嗅覚は欠損すると生命に大きな影響を与えます。下のデータは嗅盲という完全に嗅覚が損なわれてしまった患者さんと健常な人を比較して、5年で死亡するリスクがどれだけ高まるかを調べたデータで、そのリスクは約3.4倍になります。また心不全、糖尿病、脳梗塞、心臓発作、ガン、肺気腫／慢性閉塞性肺疾患など重篤な疾患と比較しても死亡リスクが高いこともわかっています。ここまでリスクが高まるのは、嗅覚が損なわれてしまうと危険を察知できなくなること、嗅覚の低下はアルツハイマー病やパーキンソン病など神経変性疾患の兆候であること、食事をおいしく感じられないなど日常生活を楽しむことができず、精神的に大きなストレスを感じることによって精神疾患を患うことなどが原因になると考えています。

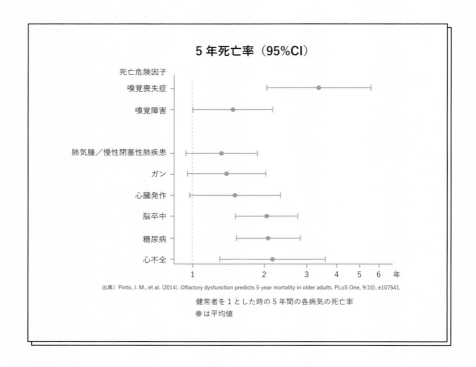

5 年死亡率（95%CI）

死亡危険因子

嗅覚喪失症

嗅覚障害

肺気腫／慢性閉塞性肺疾患

ガン

心臓発作

脳卒中

糖尿病

心不全

1　　2　　3　　4　　5　6　年

出典）Pinto, J. M., et al. (2014). Olfactory dysfunction predicts 5-year mortality in older adults. PLoS One, 9(10), e107541.

健常者を 1 とした時の 5 年間の各病気の死亡率
● は平均値

嗅覚と加齢

このように命にも大きく影響する嗅覚ですが、長くワインの香りを楽しみたい我々にとって良い点があります。それは**比較的高齢になっても嗅覚機能が保たれる**ということです。男性は60歳代、女性は70歳程度まで安定した嗅力が維持されると言われています。年と共に視力が低下し耳が遠くなる、そんな我々にとって大変ありがたい感覚なのです。また、嗅覚だけは若い人間よりも年配の方のほうがよく機能します。これはさまざまな香りを通した経験を積むことで香りの判断力が向上するからです。

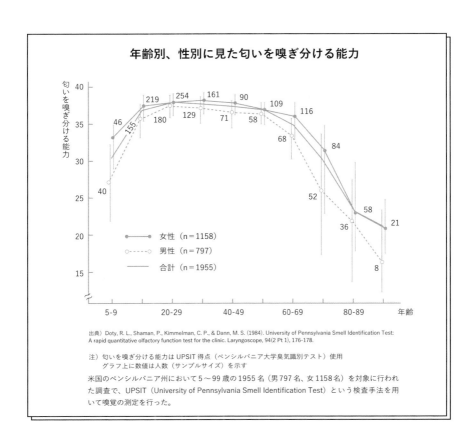

年齢別、性別に見た匂いを嗅ぎ分ける能力

出典）Doty, R. L., Shaman, P., Kimmelman, C. P., & Dann, M. S. (1984). University of Pennsylvania Smell Identification Test: A rapid quantitative olfactory function test for the clinic. Laryngoscope, 94(2 Pt 1), 176-178.

注）匂いを嗅ぎ分ける能力は UPSIT 得点（ペンシルバニア大学臭気識別テスト）使用
グラフ上に数値は人数（サンプルサイズ）を示す

米国のペンシルバニア州において5〜99歳の1955名（男797名、女1158名）を対象に行われた調査で、UPSIT（University of Pennsylvania Smell Identification Test）という検査手法を用いて嗅覚の測定を行った。

香りを感じる

　人間はどのように香りを感じているのでしょうか。人間の鼻には嗅覚受容体が396種類存在しており、これは五感を担う受容体の中で最多です。つまり最もきめ細かいセンサーなのです。皆さんが花の香りを嗅いだとしましょう。花の香り成分は空気中を漂っています。そして香りをもたらす成分が鼻の中の嗅上皮に吸い込まれます。そして嗅覚受容体に鍵と鍵穴のような関係で結合することによって脳への電気信号が生じます。脳はその刺激を知覚することにより、この香りがスミレであると知覚するメカニズムが生じます。ひとつの香り成分はその構造的な特徴によって複数の受容体と結合します。このことによって何万種類という香り成分を認識することが可能になり、数十万種類あると言われる香りを嗅ぎ分けることができるとされています。

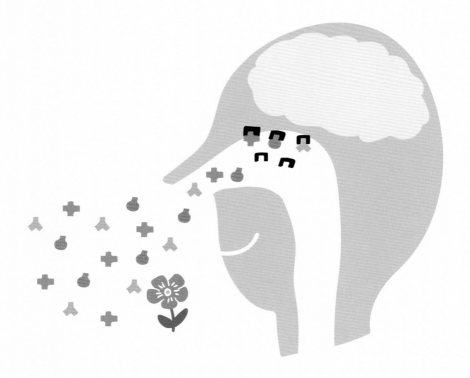

人間の香りの記憶

　では我々はいつから香りを認識するようになったのでしょうか。この香りは好き・嫌いといつの間にか記憶の中に定着していたと思います。私は5歳の頃、両親の仕事の都合で祖父の家に住んでいたのですが、庭のザクロや祖父のハンカチの匂いなど幼少の記憶と共に今でも思い出すことができます。このように香りは先天的に記憶されているものではなく、生れてからの経験と共に後天的に記憶されていきます。つまり生育環境や食生活、文化の影響を受けるのです。

　日本人とドイツ人に対していずれかの文化に対して馴染みのある香り、両文化に共通していそうな香りについて快不快を数値化した興味深いデータがあります。特に差が顕著だったのが鰹節、ほうじ茶で、日本人は不快とは感じない香りですが、ドイツ人にとっては馴染みのない不快な香りだったようです。このよう

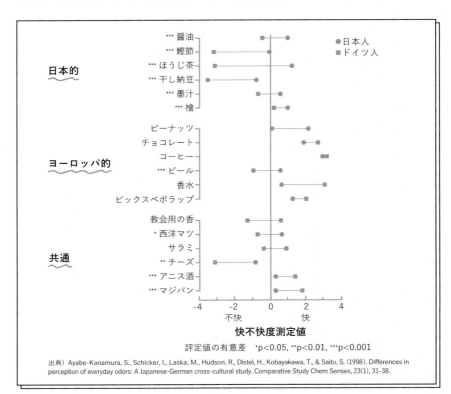

出典) Ayabe-Kanamura, S., Schicker, I., Laska, M., Hudson, R., Distel, H., Kobayakawa, T., & Saito, S. (1998). Differences in perception of everyday odors: A Japanese-German cross-cultural study. Comparative Study Chem Senses, 23(1), 31-38.

に生まれ育った環境によって香りの好みは変化します。ラベンダーの香りを良い香りと思う人がいる一方で、トイレの臭いだと感じる人もいます。一度トイレの臭いだと思ったら良い香りだとはなかなか思えないですよね。つまり同じ香りを嗅いでも同じように感じられるかはわからないこと、過ごした経験によって後天的に認識が変わっていくのです。もちろん同じワインの香りを嗅いだとしても十人十色で皆違うように感じているはずです。**当然香り表現も正解はなくさまざまあると考えるべきでしょう。**

　嗅覚は唯一直接感性をつかさどる部位、大脳辺縁系の扁桃体や海馬といった、本能的な行動や感情、記憶、情動をつかさどる部分に直接伝わります。他の感覚は、理性をつかさどる視床・大脳新皮質などを経てから大脳辺縁系に情報が伝わるため嗅覚と比べて経路が異なるのです。

　この特性によって一度嫌な臭いと認識してしまうと、その臭いを理屈抜きに嫌いになってしまったり、昔の出来事が紐づいて思い出したりします。**匂いは感性に強く響く**のです。

香りによる味わいへの影響

　香り成分の大きな役割はもうひとつあります。それは香りが味わいに影響を与えるということです。皆さんは風邪を引いたことで鼻が詰まり味がわからないという経験をしたことはないでしょうか？　ただよく考えてみてください。鼻が詰まっても味はわかりますよね。つまり皆さんが**味と感じている認識は香りの影響を強く受けており、普段感じている味とは味＋香りによってもたらされる**のです。嗅覚は多くの役割のある重要な感覚であることがわかっていただけたと思います。この嗅覚をブラインドでも効果的に用いる必要があります。

　味覚は嗅覚と比べると、日内変動などさまざまな要素によって大きく変動する感覚です。ワインの味わいを捉えることは非常に重要ですが、味覚はさまざまな要因によって正しくその味わいが認識できないことがあります。そこで味覚と人間の特性を十分理解して、慎重かつ正確に捉えていくことが必要になります。では味覚の特性を見ていきましょう。

味覚地図

　皆さんは味覚地図をご覧になったことがあるでしょうか。この地図はアメリカのハーバード大学の心理学者エドウィン・ボーリングの『実証心理学の歴史における感覚と知覚』（1942年出版）に掲載されたことにより、学校の教科書だけではなく医学の専門書にまで掲載されたことにより大きく広まったと言われています。

　この説を広めたエドウィン・ボーリングは栄養学者でも生理学者でもなく心理学者であり、この図に至った実験手法の問題点が指摘されています。現在では舌の部位や味蕾による分担ではなく、ひとつの味蕾で5つの基本味に対応すると考えられています。しかし味蕾の分布、味わいの神経伝達のスピードの違いなどを考慮した場合、実際に人間の知覚と味覚地図には大きな相違がないという報告もあります。ただ舌の位置に意識を集中して味を感じ取ることよりも、**口腔内全体で味を感じるようにすることで、結果的にどのように知覚されるか正確に捉えるほうが味を理解しやすい**と思います。

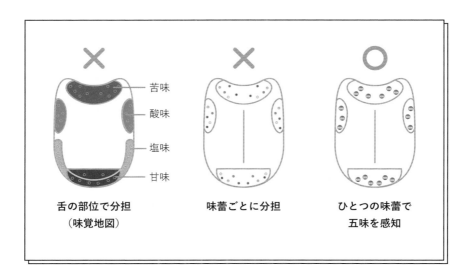

苦味

酸味

塩味

甘味

舌の部位で分担
（味覚地図）

味蕾ごとに分担

ひとつの味蕾で
五味を感知

五味

　では五味についてお話を進めます。五味には甘味、塩味、酸味、苦味、うま味があります。甘味をもたらす成分はショ糖や果糖、ブドウ糖などです。ワインにも含まれており、少量であれば辛口、量が増えれば甘口として表記が変わっていきます。

　塩味をもたらす成分としては食塩（塩化ナトリウムなど）があります。ワインには一般的には含まれていないと言ってよいと思いますが、一部海風の影響

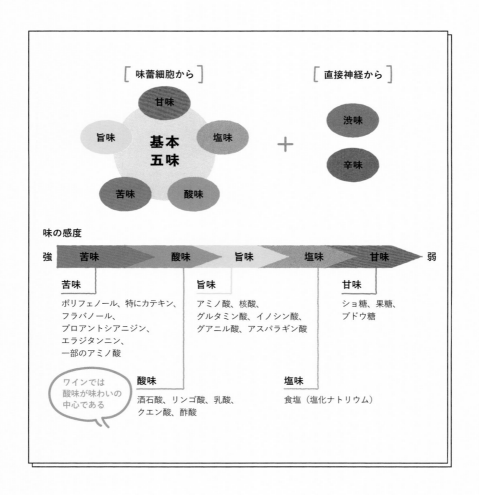

を受けるブドウ産地で造られたワインからは塩味を感じる場合があり、微量ですが塩分が含まれるワインが存在します。これは第4章その他の成分　塩分で説明します。

　酸味をもたらす成分としては酒石酸（ブドウ）、リンゴ酸（リンゴ）、乳酸（ヨーグルト）、クエン酸（柑橘類）、酢酸（酢）などがあります。食べ物の腐敗によって酸が増加しますので、腐っていないか確認するために人間は酸を鋭敏に感知します。そして何よりワインの味わいの中心は酸味ですので重要な存在です。

　苦味をもたらす成分はさまざまありますが、ワインに関係する成分としてはブドウの果皮や種子からもたらされるポリフェノール、その中でもカテキン、フラバノール、プロアントシアニジン、エラジタンニン、一部のアミノ酸などの成分が苦味をもたらします。毒物など有害物質を感知するため重要であり、こちらも酸と同様に鋭敏に感知します。人間は先天的に『苦味＝毒を含んでいる危険な食べ物』、『酸味＝腐敗した危険な食べ物』と認識するため、幼い子供はこの2つの味が苦手です。大人になってから苦味を楽しむことができるのは安全であるという経験を得ているためです。

　旨味をもたらす成分としてはグルタミン酸（昆布など）、イノシン酸（鰹節、煮干し）、グアニル酸（干ししいたけ、キノコ類）、アスパラギン酸（豆類、マグロ）があります。グルタミン酸はアミノ酸系、イノシン酸とグアニル酸は核酸系の旨味成分です。ワインではシャンパーニュなど瓶内二次発酵を行うスパークリングワインに多く含まれており、これは酵母の死骸（滓）との長期接触によって生じます。よってシュール・リーなど滓との接触を経たワインに多く含まれる傾向があります。余談ですが、旨味を発見したのは日本人であり、東京帝国大学の池田菊苗博士です。池田博士は昆布だしの味の正体を明らかにする研究を始めました。そして1908年に昆布からグルタミン酸を抽出することに成功しました。現在ではUMAMIは世界の共通用語となっています。

味の伝達スピード

　五味について説明をしてきましたが、これらの味わいはどのように知覚されるのでしょうか？　五味は感度が異なっていて知覚に差があります。先にも述べた通り、人体にとって有害な可能性がある成分はいち早く脳に伝達されます。酸味も腐敗の可能性があるため速く伝達されます。一方、甘味など安全であるものはゆっくり伝達されます。よって味を感じる感度は苦味→酸味→旨味→塩味→甘味の順に弱くなります。苦みが最も早く知覚されるのです。

　ではワインではどうでしょうか？　**酸味を多く含むため、酸が最も早く味わいとして感じられます。**ワインによっては酸味より甘味が先に感じられることがあります。これはかなり甘味が強い、つまり糖分量がかなり多いと考えることができます。ワイン中の**苦味は白ワインでは極めて少量ですが、赤ワインではポリフェノールに起因する果皮由来の苦味が多く含まれるため、口に入れた瞬間に強い苦味が感じられる**ワインが少なからず存在します。

五味以外の味　渋味、辛味

　渋味や辛味は五味に含まれません。この2つの味は味蕾細胞を介さずに、直接神経を刺激することによって知覚されることから五味に分類されません。**渋味は、味覚の苦味と舌に吸着するような感覚（触覚）**が合わさって感じられています。このような味わいを示す成分としては、ワイン中のタンニン、緑茶に含まれるカテキン、渋柿のシブオールなどがあります。渋味については第5章ワインの評価項目のワインの味わいで詳しく説明します。

　辛味は味覚というよりは痛み、痛覚として考えられています。ピリピリ痛い刺激の痛覚と、体温の上昇を伴う温覚が合わさって感じられます。唐辛子のカプサイシン、生姜のジンゲロールなどの成分があります。いずれにしてもワインから感じられることはありません。

味覚を変化させる要因

　味覚は多くの要素によって変化しやすい感覚だと考えられています。例えば朝と夜では味が異なり、朝よりも夜は感度が上昇します。夜間眠っている間は口の中での舌の動きが少なくなることから、起床時は味を感じにくくなります。日中、活動をする中で唾液が分泌され、会話で口の中の動きが活発になることで味覚の感度が上がっていきますので夜間の方が味を感じやすくなります。

　また空腹時と満腹時で異なります。空腹時は味を感じ取る力が強まるため、より敏感に味を感じることができます。また、満腹時では、味を感じ取る力は弱まり、味覚が鈍ります。

　また温度による影響も受けます。**甘味と旨味は体温に近いほど強く感じ、塩味と苦味は温度が低い方が強く感じ、酸味は温度の影響を受けにくく**なります。日本酒では低温であれば甘味がすっきりしてシャープな印象になり、熱燗など温度を上げると濃厚でまろやかな味わいに感じられると思いますので、イメージしやすいのではないでしょうか。

　他にも加齢によっても味が大きく変わります。私も若い頃と比べて味の好みがかなり変化したように実感しています。

味わいの相互作用

　味わいでさまざまな相互作用が生じており、**甘味と酸味はお互いを中和する作用**があります。例えば白ワインのリースリングで残糖が高く甘味をしっかり感じられる場合、酸量がかなり多かったとしても気づけないことがあります。また**甘味は苦味を軽減**させますが、**酸味は苦味を増強**します。赤ワインは果皮由来の苦味が強いため、酸が高いと苦味を増強してしまいますので、マロラクティック発酵（MLF）を行って酸を和らげる必要があります。また果実の甘味がしっかりと感じられる、例えばカリフォルニアの赤ワインであれば苦味が和らいで感じられます。**塩味も苦味を和らげます。**また五味ではありませんが、油も苦味を和らげる（乳化する）作用があるため、油分の多い料理、霜降り肉など素材自体に油の多い食材と赤ワインの相性は良くなります。

　このように味覚はさまざまな影響を受けて違った味わいを知覚させるのです。この味わいの相互作用はペアリングなどワインと料理を考える際には重要な要素になります。ブラインドでは味わいの変化を考慮する必要があります。

香りの影響

　嗅覚のページで触れましたが、香りは味わいに大きな影響を与えます。皆さんはかき氷のシロップが同じ味だということをご存知でしょうか。味覚センサー「レオ」によるある会社のシロップの分析結果によると、イチゴ味、メロン味、ブルーハワイ味の甘味、うま味、塩味、苦味、酸味はすべて同一でした。つまりイチゴ、メロン、ブルーハワイの香料、着色料が異なっているのです。使われる香料、着色料によってまったく違うものだと錯覚してしまう大変わかりやすい例ですね。

　このように香りが味わいに影響することが科学的に明らかになったのは比較的最近のことです。1980年に発表された研究では健常者20名を対象として、レモンやオレンジに含まれ、レモンの人工香料として使用されるシトラールを用いて行われました。シトラールは無味です。

①シトラールのみ

②シトラールと塩化ナトリウム（塩）

③シトラールとショ糖（砂糖）の各液体

を口に含むことによって、香り、味わいの関連性について評価しました。

　結果で注目したいのは、味をもたらす成分である塩化ナトリウム（塩）、ショ糖（砂糖）が含まれていないにも関わらず、シトラールの濃度に比例して味わいが増したということです。また同研究ではシトラールの香りがあると、さらに味わいが強化されることも報告しています。

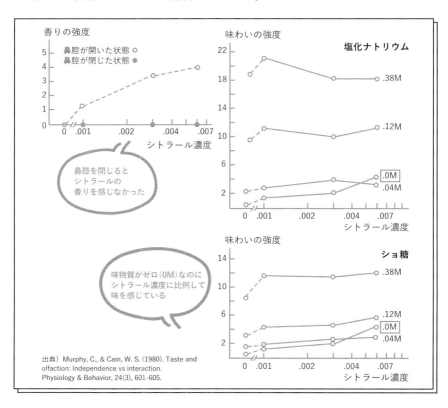

出典）Murphy, C., & Cain, W. S. (1980). Taste and olfaction: Independence vs interaction. Physiology & Behavior, 24(3), 601-605.

　この研究の後に果物の香料によってさまざまな種類のガムや飴などのお菓子、清涼飲料が開発されました。我々の日常の中に多くの商品が存在しますが、果物の香料が含まれたミネラルウォーターなどがあり、水であるのに果物の味があるように感じられることからダイエットなどに利用されています。

　さてワインでも香りの影響を受けることがあります。例えばストロベリーの香りのするマスカット・ベーリー A やキャンベル・アーリーといった香りの強いブドウ品種で、実際以上に甘いように錯覚したことはないでしょうか？　**華やかな香りが感じられるワインでは、このような味覚の錯覚が生じる可能性があ**るため、正確に味わいを感じていく必要があります。

香りが味わいに影響するメカニズム

　ではなぜ香りが味わいに影響するのでしょうか？　これは人間の頭部の構造によって説明することができます。人間の顔面から喉の断面をイヌと比較した図を見てください。イヌは人とは大きく異なる構造をしていることがわかります。まず鼻と喉の長さが大きく異なります。イヌは鼻が長いので喉から離れていますが人間は喉と鼻が近接しています。これは人が四足歩行から二足歩行に進化したことが大きく関係しているのです。

　人間以外の動物の多くは四足で歩行するため地面に近いところに呼吸器があります。そのため、雑菌を吸入することを防ぐために鼻腔が浄化フィルターのように進化し、鼻が長く突出しています。しかし人間は二足歩行をするようになり、空気浄化の必要性が薄れたため、鼻がどんどん短く変化していきました。このことによって人間にある機能が加わります。それは肺への気道と胃への食道が喉で交差したことにより、食道を通過する食物の香りが喉から鼻へ抜けていくため、飲み込む際に香りを感じることができるようになったのです。鼻をつまんで食物を食べるとそっけない味に感じることは、この喉の構造が原因です。イヌは飲み込んだ食物の香りが鼻腔に届きにくいので、人間と同じように感じることはできません。

　この体の構造変化によって人間は**レトロネーザル（口腔香気）という機能をもつことになります。レトロネーザルは口中香・呼気に伴う風味の感覚**で、「戻

り香」「口中香」「あと香」などとも呼ばれます。**人間は一度喉を通った食物の香りをレトロネーザルとして味わいとして感じ取ることができる**のです。一方、通常の**一般的な嗅感覚・吸気に伴う感覚をオルソネーザル（鼻腔香気）**「たち香」などと分けて呼んでいます。

　さてテイスティングにおいてはレトロネーザルとオルソネーザルは同じ香りであっても異なって感じられる可能性があるため、別々に捉えていく必要があります。これは第3章ブラインドテイスティングをするで説明します。

　余談ですが、このような進化が起きた人間はあることを思いつきます。それは食材を料理することです。肉食系の哺乳類は肉を生のまま食べますよね。人間が肉をそのまま食べるのではなく、焼いたり、煮たり、漬け込んだりと多くの工夫をするのは芳醇な香りを作り出すためでもあります。これは味わいに香りを付与することで、もっとおいしくなることに気づいたからです。これは人間を美食に向かわせた素晴らしい進化であり、レトロネーザルがあるからこそ人間はさまざまな技法を凝らした料理を生み出しました。起源をたどれば二本足で立ち上がったことにまで遡れるとは興味深いですね。

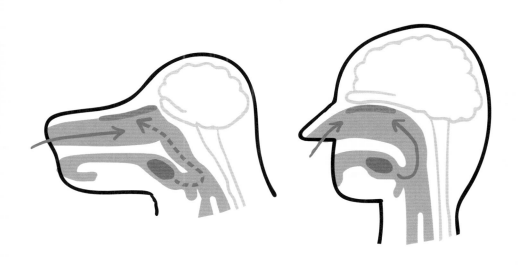

視覚の味わいへの影響

　ブラインドをする上で視覚は有用な情報をもたらします。特に外観で捉えられる粘性や液性、また色素による色合いは大変重要な情報です。

　視覚からの情報は人間に錯覚を与えることがあります。ボルドー大学の研究では同大学醸造学部の学生 54 人が被験者となり、ワインの官能評価が行われました。実験は二度行われ、1 回目は通常の白ワインと赤ワイン、2 回目は通常の白ワインと白ワインを着色料で赤く染めたワインによる評価が行われました。すると赤く着色された白ワインに赤ワインの用語が多く用いられていました。具体的には、スパイス、樹木、ブラックカラント、フランボワーズ、チェリー、プルーン、イチゴ、ヴァニラ、胡椒、動物、甘草などといった用語です。これは外観の印象によって香りの評価が変わったことを表しています。

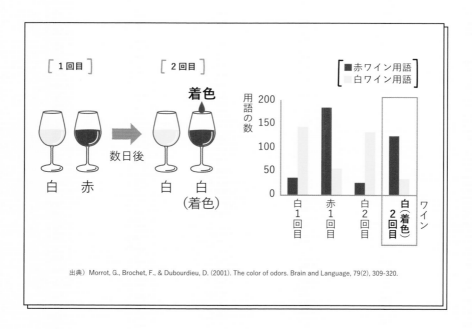

出典）Morrot, G., Brochet, F., & Dubourdieu, D. (2001). The color of odors. Brain and Language, 79(2), 309-320.

　また同大学の別の研究では、同一ワインを用いて、片方のラベルにはテーブルワインと表記、もう一方のラベルにはグランクリュと表記した二つのワインを比較して官能評価を行いました。するとグランクリュにはGood、Balanced、Premier、Complex などポジティブな表現が多く、テーブルワインではA little、Not、Weak、Without などネガティブな表現が多かったという結果が出ました。これらの研究から我々が視覚からのバイアスにいかに影響されやすいか理解できます。

　これらの結果からワインの評価にはブラインドが必要な理由がよくわかると思います。**我々はバイアスに陥りやすい存在**なのです。

脳の働き

　五感からの刺激を知覚するのは脳の役割であり、脳の働きを理解することがブラインドの能力の向上に役立つと私は考えています。五感によって得られた情報は脳に伝達され情報が処理されます。そしてその情報に基づき我々はワインを評価し品種を特定しています。このときの頭の使い方、ものの考え方は人によって傾向が異なり、タイプ分けができます。言語中枢が左半球、空間認知が右半球を中心に役割が異なることから、どちらを主に頭を使っているかによって右脳型、左脳型と分類することができます。ただし人間は常に両脳とも生かしながら日々判断しており、片脳だけが働いているわけではありません。

空間認知メイン　　言語中枢メイン

右　左

右脳型　　左脳型

右脳と左脳の役割

「考える」「感じる」とはどういうことでしょうか？ 考えることは知性・知識を伴う思考であり、それは主に言語や計算力、論理的思考をつかさどる左脳で行われます。ブラインドでは過去の経験に基づいて考え、記憶している産地の知識を呼び起こし、それらの情報に基づいての最終判断は左脳が担っています。

一方、感じることは、感受性や感覚によって認知される右脳によってもたらされます。右脳に関しては、イメージ力や記憶力、想像力やひらめきをつかさどり、視覚・聴覚・嗅覚・触覚・味覚の五感に関係し、感情をコントロールしています。音や色の違いを認識し、何かに感動するのは右脳の働きによるものです。「素晴らしくおいしい」「今までになくエレガントだ」とワインに感動することがあるでしょう。これは右脳によってもたらされるのです。

ビジネスでの右脳と左脳

このような右脳と左脳の役割の違いは、日常やビジネスでの課題解決に役立っています。物事を考えるにあたって、右脳と左脳を交互に利用することで課題が解決しやすくなります。まずは右脳的な観点から情報をインプットします。例えば街頭調査やインタビューなどで人間観察を行うことによるマーケティングリサーチをイメージしてください。観察を通して何かひらめくかもしれません。そして得られた情報やひらめきを基に左脳を用いて分析し、論理的に解決策を考えます。そして再び右脳を使うことで、より魅力的な表現でクライアント、または経営陣に提案するのです。このようなプロセスはソムリエがお客様にワインをプレゼンテーションすることと共通点がないでしょうか。テイスティングでは、まず外観、香り、味わいから我々が感じる情報を収集します。このときに五感をフルに活用し、ワインの外観を注意深く観察し、さまざまな香りを嗅ぎ取り、口の中に広がる味わいの変化を右脳が感じ取ります。そして十分な観察が終わったらその情報を基に左脳で分析します。このワインはどういったものであるのか、五感からの情報と共に知識や経験に照らし合わせ回答を導いていくわけです。そしてあなたがソムリエであればこのワインがど

んなに素晴らしいワインであるか、わかりやすく、時にゲストの共感を呼ぶエモーショナルな表現で伝達するでしょう。このとき再び右脳が魅力的な表現をもたらしているのです。

このようにワインテイスティングでは右脳、左脳を使い分けることが重要で、特にブラインドでは脳の役割をわかった上で効果的に使っていくことが成功への近道です。

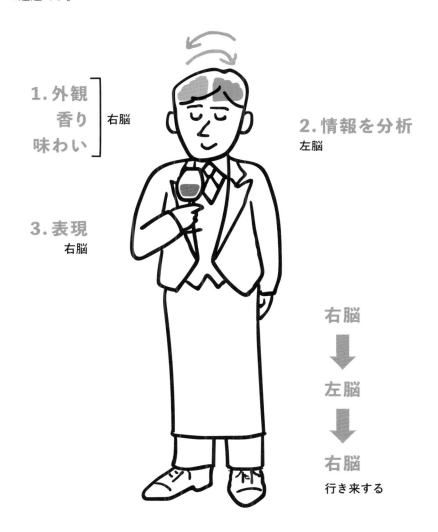

1.外観
香り
味わい
右脳

2.情報を分析
左脳

3.表現
右脳

右脳
↓
左脳
↓
右脳
行き来する

では皆さんが右脳型なのか、左脳型なのかを簡単な診断をしてみましょう。

右脳派／左脳派診断方法
1.　何も考えず、自然に腕を組んでみてください。

2.　上のイラストを参考に、
腕を組んだときにどちらの腕が上にくるか確認してください。

　左の腕が上にくる方は右脳型、右の腕が上にくる方は左脳型ということにな
ります。これは右脳が左手を制御して左脳が右手を制御することから、腕を組
んだことによって上にくる腕は、動かしやすいように備えるために使いやすい
位置に置いています。無意識に脳の傾向が反映されるので、腕の組み方で右脳
型・左脳型が判断できるのです。試しに無意識に組んだ腕を逆にしてみてくだ
さい。納まりが悪く落ち着かないでしょう。
　そして**ブラインドでは五感をつかさどる右脳を生かすことが大変重要**です。
さて、あなたが左脳派であれば、これは何の品種なのかとワインを感じること
なくワインの知識、過去の経験や思い出などを振り返りながら考え始めてしま

う傾向はないでしょうか？　またはあなたが右脳派であった場合は、思いつい
たと同時に回答に結びつけやすい傾向はないでしょうか？　いずれであったと
しても自分自身の傾向を理解して脳を最大限活用する必要があります。

右脳と左脳を使い分ける

　ワインを正確に捉えるために大事なことは、**左脳を使ってこのワインが何か
を考えるよりも前に、右脳を使って自分がこのワインから何を感じているのか
を知ること**だと思っています。このワインから何が発せられているか？　自分
がどのようにこのワインを受容し、自分の体が変化しているのかを自分自身で
知る必要があるでしょう。ワインは我々の五感に強く訴えかけてきます。そし
てその訴えるものが何かを正確に感じることが大切になります。そのためにも
私は自分が感じたことは感じたままメモをしています。このとき**考えた結果を
書くわけではないということが重要なポイント**です。よくあることとして、シャ
ルドネと思ったからシャルドネであるようにテイスティングコメントを書かれ
ている方がいらっしゃいます。これでは左脳で考えた結果を右脳で補強してい
ることになり、順序が逆になります。左脳による脳の制御が強い方は右脳を効
果的に使えるようにこの制御を解き放つ必要があります。これは後に紹介する
メソッドで説明します。

　次のステップとして、自分の記したメモを基にこのワインが何なのかを考え
ていきます。感じつつ考える、考えつつ感じるということは大変難しい作業で
す。頭の中がゴチャゴチャしてしまい、どうしたらよいかだんだんわからなく
なってくることでしょう。この理由は脳の構造、役割が異なるからなのです。そ
のためにもワインからの複雑な情報を論理的に整理するために、まずは**何も考
えず感じたことをメモしてみる、そしてそれを見ながらこれが何かを考える**、こ
のように順番をあらかじめ決めておくことが大変重要です。

ブラインドの最大の敵、認知バイアス

　ブラインドを行うとどうしても正解したいという強い気持ちが湧いてくるあまり、さまざまなバイアスにかかりやすくなります。そして私はブラインドの最大の敵は認知バイアスだと考えています。

　認知バイアスとは、物事の判断が、直感やこれまでの経験に基づく先入観によって非合理的に判断してしまう心理現象のことで、非常に基本的な**統計学的な誤り、社会的帰属の誤り、記憶の誤り（虚偽記憶）など人間が犯しやすい問題**であると定義できます。バイアスが生じることによって起きる問題はブラインドに限ったことではなく、日々の生活の中でもありふれたことです。

　以下によくある事例を紹介します。

> **最初はソーヴィニヨン・ブランだと思っていたのに
> リースリングに変えちゃった！**
>
> 　第二次試験対策などでよく聞く会話で、ブラインドあるあるだなと思っています。皆さんも最後の最後で回答を変えてしまい、不正解になった経験が少なからずあると思います。
>
> 　私もこんなパターンで間違えたことがあります。白ワインの香りを採った際にはわずかにハーブの香りがした。そのとき一瞬ソーヴィニヨン・ブランだと頭に浮かんだが、ワインを口に含むと思ったより甘味があり、酸が高い気がする。これはペトロールの香りが弱いアルザスのリースリングではないか？　と頭に浮かぶ。そういえばハーブの香りはだんだんと弱まっている気がする。白い花の香りのようにも感じられてきた。やはりこれはペトロール香の少ないリースリングのような気がしてきた！　いろいろ悩んでいたら頭がゴチャゴチャしてきた。昔同じように間違えたことがあったし今日はもうリースリングにしよう！　時間もない！
>
> 　結果はなんとフランス、ロワールのソーヴィニヨン・ブラン……。変えなきゃよかった。

　これは認知バイアスによって回答に影響した事例です。ブラインドで間違える原因は、そもそもその品種の特徴を知らない場合を除けば、何らかのバイアスが多くの要因を占めていると思っています。ではなぜこのようなことが起きるのでしょうか？　ブラインドは知性と感性の共同作業で非常に難しいことを行う必要があります。そして時間の制約の中で結論を導かなくてはならず、思考停止に陥りやすくなります。考え続けることがつらくなり惰性的に結論を出してしまうなどよくあることです。直観、インプレッションと説明される方もいらっしゃいますが、意図的に考えることを避けてしまうことがあるのではと考えます。

　では陥りやすいバイアスの一例を紹介します。

● 確証バイアス：

　自分にとって好都合な情報を優先して、自分の先入観の裏づけとなるような情報だけを集めようとするバイアスです。好都合な情報だけを集めることで思い込みの度合いが強まり、客観的に捉えるべき情報を見逃してしまうことがあります。

例：「出題者はイタリアワインが好きだからイタリアのブドウ品種に違いない」
「さっきシャルドネが出題されたからもう出題されないはずだ」

● 失敗バイアス：

　たまたま失敗したことを引きずって合理的な判断ができなくなるバイアスです。

例：「さっきシャルドネって書いて間違えたからな。アリゴテにしておこう」

● ハロー効果：

　目立ちやすい特徴に引きずられて他の特徴を捉えられなくなること。外観の色合い、特徴的なひとつの香りだけの要素で結論に導いてしまうようなことはブラインドあるあるです。

例：「日本酒のように透明だから甲州だ」
「この獣臭はローヌのシラーに違いない」

● **過去美化バイアス（思い出バイアス）:**

　過去の良かったことの記憶が多くなることによって過去に縛られるバイアス。人間は良いことよりも悪いことのほうを早く忘れてしまいやすい傾向にあります。思い出は大事ですが、ブラインドにおいては生産者のスタイル、温暖化など気候変動によってワインの味わいも日々変化していきますので、現在地を見失うことがあります。

例:「昔飲んだジンファンデルはもっと甘かった」
「昔のアルゼンチンのマルベックはもっとタンニンが強かった」

　このようにさまざまなバイアスがありますが、バイアスに陥った状態で正答できたとしても、次回も同じように正解を導けるかはわかりません。大事なことは目の前のワインを感じ続けることであり、ワインを見ずして答えを出していてはブラインドの能力を向上させることはできず、再現性が向上しません。
　ではこのような認知バイアスに惑わされないようにするためにはどうすればよいのでしょうか。以下のような解決策があります。

● **人の意見を聞く**

　人の意見を聞くことで客観的な視点を得ることにつながります。自分が当たり前に思っていたことが覆され、正しい検討を行うための材料を得ることができます。反対意見も積極的に聞き入れ、全体的に検討し直すように習慣づけることが大切です。
　例えばテイスティングセミナーで講師のコメントを聞いて、自分のコメントと比較することで足りない箇所に気づく機会になります。

● **批判的視点をもつ**

　自分が考えていることに対し、常に批判的な考えをもち、前提を疑うような癖をつけると認知バイアスにかかりにくくなります。例えば、「このワインは香りがまったくとれない、欠陥があるのでわかるはずがない」と決めつけるのではなく、「香りがとれないということは特徴のない品種、あるいは醸造工程で何らか香りが抑えられているのではないか？」と考えるなど前提を疑うように心

がけましょう。ミュスカデやアリゴテなどは特徴が少ないことが特徴である品種の一例です。

● 事実と意見を分ける

　曖昧な表現は認知バイアスを招きやすくします。事実と人の意見は別物と考え、分けて考えるようにしましょう。

　例えば「この品種は残糖が感じられることが特徴なのです」という説明を受けたとします。このときに、残糖はどれくらいの量なのか？　酸とのバランスはどうなのか？　本当に品種の特徴と言えるのか？　実際に数値を確認し、要因を分析して結論を出すようにすることで、認知バイアスに陥らず正しい判断をすることができます。

● 判断軸をもつ

　自分の判断軸をもつことは、認知バイアスに陥らないために必要な心構えです。

　例えば、自分なりのブラインドのフォームを事前に決めておくということも判断軸をもつひとつの方法になります。曲げることのない判断軸を常にもつように心がけることで、自分にとって納得のいく判断を繰り返すことにつながっていきます。

　私は**認知バイアスを防ぐために、思い込みに惑わされてないか、結論を急いでいないか自分自身に問いかけ**ています。また自分のテイスティングシートに気づいていないヒントがないか何度も確認します。外観や香りも一度だけでなく時間が経った後に再度検証します。客観的な立場でワイン、そして自分自身を見つめることがとても大切だと考えています。

Column-2

　ワインの熟成による変化はワインを愛するすべての人にとって重要なテーマです。白ワインと赤ワインでは熟成による変化に大きな違いがあります。一般的に白ワインのほうが赤ワインよりも時間経過に伴う変化は大きく感じられます。白ワインは赤ワインに比べてフェノール化合物の量が少なく、還元的な醸造が行われています。熟成によって酸化が促されるとフェノール化合物が褐変化していきます。元々透明度が高いため色調の変化が大きくなるのです。

　香りもフルーツ系の香りから一転、ナッツ、アーモンドのようなひね香と呼ばれる香りが生じ始めます。これはワイン中の糖分、アミノ酸によるメイラード反応や、α-ケト酪酸とアセトアルデヒドによる化学反応によってソトロン、フルフラールと呼ばれる香り成分が生じます。そしてこの香りは紹興酒、シェリー、また日本酒の貴醸酒でも同様に生じますのでわかりやすいでしょう。

　白ワインで起きる反応は赤ワインでも同様に生じるのですが、赤ワインはポリフェノールが大量に含まれていますので時間経過に伴う変化のスピード、変化の度合いはゆっくりです。ワイン中のタンニンはアセトアルデヒドを介してアントシアニンと重合し高分子ポリマー（polymeric pigments）となり、この反応によってギシギシとしたタンニンから滑らかな味わいに変化します。また色素成分が減少するためワインの色調は薄い色合いに変化していきます。ただワインによって味わいの変化がまったく異なるためどれだけの時間がかかるのかは予測不能です。そしてポリフェノール量が多い濃密なワインは、柔らかな味わいがもたらされるまで相当な時間がかかると思ったほうがよさそうです。

　温度が高いと熟成の変化は促進されます。一方、低温下では抑制されますのでなかなか熟成は進みません。ワイン評論家による飲み頃の目安が示されているワインがありますが、ボルドー地方の素晴らしいワインですと最低でも10年後、長いものであれば50年後が飲み頃なんてワインもあります。低温下で熟成させると変化が非常にゆっくりですので、このような長い年月が必要なのです。

　ワインの熟成は長い時間を要し、予測できない変化をワインにもたらします。開けてしまえばそこがゴール。まさに大人の嗜好品です。

第3章
ブラインド
テイスティングをする

　ここまで人間の五感、脳の働き、思考プロセス、バイアスについて考えてきました。ここからが本題であり、ブラインドの能力を向上させるための考え方をお伝えします。スキル向上のメカニズムとして、方法の明確化、知識を活かす、経験を積む、この3つを高めていくことでブラインドの能力を向上させることができます。

　ではまずはブラインドの方法についてお話を進めていきます。

ブラインドの方法　クンクン・ブラインド・メソッド

スキル向上のメカニズムをワインに当てはめると、下の表のような項目になります。

スキル向上のメカニズム		
方法の明確化	**知識を活かす**	**経験を積む**
●ワインが自分に与える影響を正確に捉える ●感じるときと考えるときを分ける ●自分のフォームを作る	●品種の特徴を明確にする ●産地の違いを明確にする ●醸造方法の特徴を捉える	●繰り返し練習をする ●結果を振り返る

では具体的に、人間の能力を最大化させるブラインドの方法を説明していきます。第2章で右脳と左脳の働き、感じることと考えることを分けることについてお話をしました。ブラインドでは、まず外観、香り、味わいから我々にもたらされる情報の収集を行います。このときに五感をフルに活用し、ワインの外観を注意深く観察し、さまざまな香りを嗅ぎ分け、口の中に広がる味わいの変化を右脳にインプットします。そして十分な観察が終わったらその情報を基に分析します。このワインが何か、さまざまな情報を基に回答を導いていくわけです。

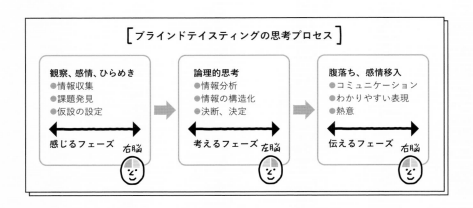

　このように**五感を用いて得られた幅広い情報を右脳が収集し、左脳による論理的思考で正解を導いていく**ことがブラインドの究極の方法です。ブラインドで人間力を最大化するためには以下が重要なサクセスファクターになります。

- 嗅覚を最大限活用する
- 味覚の特性を理解して正確に五味を捉える
- 右脳で十分に感じてから左脳で考える
- 味覚からの情報と嗅覚からの情報を分ける
- バイアスに陥らない
- 結果を振り返り課題を特定する

　そして上記のサクセスファクターを盛り込みつつ、合理的に実行できるブラインドの方法として私が考えたのがクンクン・ブラインド・メソッド、略してクンクンメソッドです。このプロセスを基に練習すれば、能力を最大限に生かしてブラインドをすることが可能になります。

　ブラインドではさまざまな方式がありますが、複数のワインを評価し回答する方式（Comparative Blind Wine Tasting）で用いることができます。日本ソムリエ協会の第二次試験で用いられている方式であり、資格試験において用いられている一般的な方式です。一方で、ひとつのワインのみ評価し回答する方式（Single Blind Wine Tasting）があり、ブラインドテイスティングコンテストやソムリエのコンクールではこちらの方式が用いられていますが、難易度が高くなります。この方式の違いについて後のページで説明します。

さて具体的なやり方を以下の図で示しました。外観／香りを感じる Step1 と仮説を立てる Step2、味わいつつ検証する Step3 と分けて考えていきます。

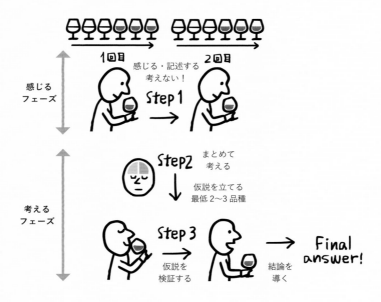

クンクンメソッドのプロセス　Step1

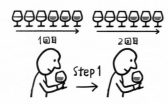

　Step 1は、何の品種なのかは一切考えずにワインに向き合い、自分がワインから何を感じているか記します。このとき重要なことは **考えず、感じることに集中する** ということです。ワインに向き合った瞬間から左脳を使って何の品種か考え始めることを防ぎ、右脳を使って感じることに集中することができるようになります。より集中するために、例えば自分自身は分析機器であると暗示をかけましょう。ワインが自分自身に与えている影響を定量的に、数値を計測するように捉えることが大切であると私は考えています。

　さて繰り返し述べてきた通り、嗅覚の可能性は無限大であり、練習を繰り返す中でより多層的な香りを感じとれるようになるはずです。この可能性を最大化するためには、**出題されたアイテムの外観、香りを一通り評価** してください。例えばワインが

計6アイテム出題されたとして、その場合は外観、香りのみ6アイテム評価します。白ワインだけでなく赤ワインが含まれていても同様のやり方で行います。

　一般的に教えられている方法では1アイテムずつ外観、香り、味わいの評価をされていると思います。このやり方は、ワインを口に含むと自身の状態が変化し、1番目と6番目の評価が変わってしまう可能性があります。第1章でも述べましたが、鼻には約400もの嗅覚受容体が存在し、また白ワインと赤ワインの放出する香りは共通する物質と各々しか存在しない物質があることがわかっています。つまりさまざまなタイプのワインの香りを嗅ぐことで、嗅覚受容体はより刺激され、1アイテム目ではわかりにくかった香りが採れるようになります。「ワインの香りが開いてきた」とコメントされることがありますが、この事象はワインの変化以上にワインから刺激を受けた皆さん自身の嗅覚の感度が高まったと考えています。

クンクンメソッドのプロセス　Step2

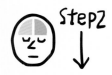

　　Step 2では、外観／香りから感じた情報が集積されたら、その**情報を基に仮説**を立てます。この**Step 2がこのメソッドの肝**になります。このことを自分に課すことで、品種を特定するためにより多くの情報が必要であると気づくでしょう。例えば皆さんは刑事だとします。捜査の中で証拠を集め聞き取りをしながら犯人の手がかりを探します。そのときにより多くの情報があれば犯人像を推測することができるでしょう。ブラインドもこれと同じで**多くの手がかりをStep 1で捉えることで、Step 2で確率の高い仮説を設定することが可能**になります。例えば精緻に外観を観察することにより、特徴的な色合いを示す品種があることに気づくでしょう。アルゼンチンのトロンテスやオーストラリアのセミヨンなどは輝きが強く粘性が高く、淡いエメラルドグリーンの外観をしており特徴的です。注意深く観察することで見過ごしていた情報に気づくことができます。

　仮説は最低でも2〜3品種はあげるようにしましょう。もっと多くなっても構いません。最終的にStep 3でひとつに絞りますので、可能性は広く取りましょう。このときに自分が過去に間違えたパターンを把握できていれば、有力な候補としてあげることができます。例えばオーストラリアのシラーズとカベルネ・ソーヴィニヨン、テンプラニーリョを間違えることがあったのであれば、シラーズだと断定する前にカベルネ・ソーヴィニヨン、テンプラニーリョを候補にあげましょう。結果としてシラーズでなくテンプラニーリョであったとしても方向性は間違えていないことがわかりますし、シラーズとテンプラニーリョを誤解している点があることを理解できます。またイタリアのアルネイスといった個性が見出しにくい品種である場合、5、6個の仮説が浮かぶ場合があります。その場合、無理に2、3品種に絞り込む必要はなく、広く候補を出しましょう。練習を繰り返し経験が増えると共に絞られていきます。

　さて、クンクンメソッドで最も注意してもらいたいことは、**Step 1、2が完了するまでは決してワインを口に含まない**ことです。ワインを口に含んだ瞬間、微量の香りを計測することが難しくなり、味覚からの刺激と嗅覚からの刺激が分けにくくなります。またワインのアルコールによって思考能力が低下する可能性もあります。Step 3まではワインを口に含まないようにします。

クンクンメソッドのプロセス　Step3

Step 3では、**仮説が正しいか検証する**目的でワインを口に含みます。これは先にも述べた通り飲むことによって嗅覚が客観的に機能しにくくなること、飲んでわからなかったら打つ手がなくなってしまうことを回避するためです。レトロネーザルとして口内からの香りによって味わいが影響を受けるため、その影響を意識しつつ正確に味わいを評価してください。

　Step 3で重要なポイントとして、**自分の仮説で提示した品種を飲んだときをイメージしてから飲むと検証の効果が高まります。** 例えばシラーズ、カベルネ・ソーヴィニヨン、テンプラニーリョを仮説であげているのであれば、シラーズであれば果実感が豊かに感じるはずだ、カベルネ・ソーヴィニヨンであれば高い酸と共に強い収れんを口内に感じるはずだ、テンプラニーリョであれば熟成の柔らかい味わいを感じるはずだなどと自分の中でイメージして、その通りであった品種を選択しましょう。自分の中のイメージをもってワインを飲むと、そのイメージとの相違点が浮かび上がってきます。もしもまったくイメージと異なる場合は、もう一度 Step 1からやり直して違う可能性を考える、またはブラインドの答えを確認してから振り返りを行ってください。

振り返り

　ブラインド能力を効率的に向上させるためには自分の分析結果を見ながら振り返りを行うことが近道になります。　正解したときには自分がどの情報に基づいて正しい仮説を設定できたのか？　また最終的に正答を導けたのはなぜか？　その理由を探ります。ポイントとなった情報にラインを引くなどしてマーキングをするとよいでしょう。

　間違えたときには、品種の特徴を捉えることができていないかを確認します。何らかの特徴的なことを捉えられている場合があると思います。例えばカルメネールをマルベックと回答していた場合、振り返ってみると香りに茎やトマトなどヴェジタルなコメントを書いていることがありました。このことに気づけていれば自分はカルメネールの特徴香を捉えられていると自信を得ることができますし、マルベックの仮説を立てた際にカルメネールも候補とあげつつ、そのような香りがないか確認するなど次の一手が考えられるでしょう。時間をかけて振り返りをすることは、自分の能力をいち早く飛躍させる大きなチャンスだと考えています。

　ブラインドは何らかの記録に残すとよいでしょう。スマートフォンの写真機能で電子的に保管するのも、手書きのノート等で保管するのもよいと思います。さらに自分がどのように間違えているのか、パターンをエクセルなどの表計算のソフトを使って分析することも効果的です。このような間違え方のパターンがわかるとStep 2で仮説を設定する際に役立ち、両品種を比較することによって違いを理解するための取り組みが見つかります。

クンクンメソッドの一例

Step1

Aのワイン

外観:紫がかったルビー、色素量が多く粘性が高く、グラスの縁はピンクがかっている。
香り:濃縮したブラックチェリー、プルーンような甘い香り、ヴァニラなど樽の香り、黒胡椒、火薬、メントールのようなすっとする香りがある。

Bのワイン

外観:グラス壁面に残る強い色素、ルビーレッドの色調がある。
香り:ブラックチェリー、カシス、プルーンの香り、ドライハーブ、青唐辛子、ピーマン、スミレ、焙煎、シガー、黒胡椒の香りがある。

Cのワイン

外観:赤みがかったルビーの色調がある。エッジがオレンジの色調に退色している傾向がある。
香り:レーズン、ドライプラムのような干された果実、また樽由来のココナッツミルク、コーヒー、肉脂、なめし皮、タバコのような燻した香りがある。

Step2

Aのワイン

外観の色素量が多く、特徴的なメントールの香りがあり、かつ樽からの香りが強く感じられるため、候補はオーストラリアのシラーあるいはカベルネ・ソーヴィニヨン。Step3に向けて、シラーなら果実味豊かでフルーティな印象があるはず、カベルネ・ソーヴィニヨンならば強いタンニンがあり酸が高いはずと味わいを予測しておく。

Bのワイン

ドライハーブ、ピーマンなどメトキシピラジン系の香りがとれており、色素が多いので、カベルネ系、特にカベルネ・ソーヴィニヨン、カルメネールが候補にあがる。焙煎、シガーなどチリに特徴的に感じられる香りがあるため、産地の候補はチリ。よってメルロ、カベルネ・フランはゼロではないが候補にはあげていない。Step3に向けて、カベルネ・ソーヴィニヨンとカルメネールは果実味とタンニンのバランスが異なるため、味わいとしてよりタンニンが強いとカベルネ・ソーヴィニヨン、果実の印象が強くタンニンの収れん性が中程度以下であればカルメネールと味わいを予測しておく。

Cのワイン

熟成感が強く感じられるため、テンプラニーリョ、ネッビオーロが候補にあがる。またココナッツミルクなどアメリカンオークに感じられる香りがあるため、カリフォルニアのメルロも候補にあげる。Step3に向けて、熟成に応じた柔らかいタンニンであればテンプラニーリョ、強く収れんするタンニンがあればネッビオーロにする。若々しい果実感があればメルロを考慮すると予測しておく。

Step3

Aのワイン

味わいはジャムのような濃縮した果実の甘味がはっきりと感じられ、高い酸によってフルーティな印象を与える。タンニンの収れんは強くなく苦味が口に残る。よって果実味主体のこのワインはオーストラリアのシラーズと回答する。

Bのワイン

味わいは、タンニンの引き締めがとても強い。酸も高いが果実の甘さでバランスがとれている。鼻から抜けるミントなどのハーブ香が特徴的。よって収れん性の際立つこのワインはチリのカベルネ・ソーヴィニヨンと回答する。

Cのワイン

味わいは果実の甘味と酸のバランスがとれており、樽からの苦味が感じられる。収れんは強くなく熟成による柔らかい味わいの変化が感じられる。よって熟成の変化が味わいによく現れているこのワインはスペインのテンプラニーリョと回答する。

正解

Aのワイン	Bのワイン	Cのワイン
シラーズ（オーストラリア）	カベルネ・ソーヴィニヨン（チリ）	テンプラニーリョ（スペイン）

香ると飲むの絶対的な違い

　ワインの香りはとても繊細です。ppm、ppb、ppt が香りの濃度の測定で用いられる単位ですが、これは 10 万分の 1、10 億分の 1、10 兆分の 1 を意味しています。例えばアンモニアの嗅覚閾値は 1.5ppm であり、1L の水（1L は 1,000g）に 1.5mg（1g は 1,000mg）のアンモニアがあれば臭いとして認識されるという意味になります。ちなみにコルクのカビ汚染であるトリクロロアニソール（TCA）の嗅覚閾値は 10ppt という単位になり、5mg を 25m プール（500 トンの水）に垂らした濃度ということになります。このような超微量な物質を香りとして感じとることができる嗅覚の能力は凄いとも言えますので、ワインから発せられる香りをできる限り情報として収集する必要があります。

　ではワインを飲むことについて少し考えてみましょう。人間が口に含む量は一口 10 〜 15mL（10 〜 15g）であり、先ほどの嗅覚で感じる量と比較するとその差は桁違いです。これだけの量を口に含むと人間の感覚は強い刺激を受けるでしょう。微量な物質を捉える嗅覚の正確さにも著しく影響するはずです。私の経験上ではいったんワインを口に含んでしまうと、強い味覚からの印象によって飲み込む前に得られていた嗅覚からの情報は影響を受け、同じように正確に評価することができなくなると思っています。つまりワインを口に含む前に、十分に香りから得られる情報を評価する必要があります。

総合力を高める　能力向上のステップ

　ブラインドの能力向上にはステップがあり、一足飛びにはいきません。そして継続的に練習する際に、自分がどのステップにいるのかを把握することで能力を向上させましょう。

初級者

　まずは自分自身のブラインドのフォームを作りましょう。クンクンメソッドを参考に自分に適した方法を見出していきましょう。練習する際は自分自身の言葉で表現することが大切です。ただし香りの表現は言語化が難しく、最初からできる人はほとんどいないでしょう。最初はテイスティングシートの用語を参考にしながらコメントしましょう。テイスティングシートの用語にない言葉であっても全然問題はなく、自分の感じた言葉を表現できるようになると思っています。

　品種の特徴や用いられている醸造方法は本書を参考に覚えていきましょう。練習の中で品種の特徴を捉えることは非常に重要ですが、整理がポイントです。私が過去から続けているおすすめの方法としては品種整理ノートを作り、自分なりに感じる品種の特徴を整理することです。これは品種別に書き込めるように仕分けしたノートやスマートフォンのメモ機能なども使えます。

中級者

　基本のフォームができて品種の特徴が理解できるようになれば次のステップです。自分のワイン表現を正確に行う必要がありますので、正しくワインの表現を行えているか確認しましょう。例えば酸が高くスマートな白ワインであったのに、非常に濃厚でフルーティーと書いているとワインを正しく表現できているとは言えません。正しく表現ができるように自分自身の感じ方を振り返ってみましょう。

　次に振り返りを徹底しましょう。ブラインドで不正解だったときに惜しい気づきがなかったか確認して記憶します。香りで捉えているのに飲んで変えてしまった、その香りの評価を十分行わなかったなどで、結果、間違えてしまうケースがあると思います。これは自分の中で香りの優先順位が低い可能性がありますので見直す必要があります。少しでも間違えを減らすための取り組みを継続できるのが中級者です。

さらに自分のテイスティングコメントがワインの特徴を正しく捉えることができているか、言葉に出してみましょう。ワイン仲間と勉強会を行い、コメントを発表し合うと自分の課題が見出せます。

上級者

　上級者に求められるのは正確なテイスティングです。これは誰が聞いてもわかるように分析、記録ができるイメージです。自分が記述したコメントを後日読んでみて、そのワインがイメージできるような記述をしましょう。自分で記述したものが自分自身でイメージできないようであれば、誰にも伝わらないと思いますので客観的かつ正確にワインを捉える分析力を養いましょう。

　香りの強弱、酸と糖分のバランス、タンニンの強さが正確に分析できているか確認します。香りがとりにくい場合がありますが、それもワインの状態、醸造方法、品種の個性である場合がありますので、その状態も含めて正確に捉えていきましょう。そしてテクニカルシートを十分に活用しましょう。樽熟成の有無など醸造方法を正しく捉えることができているか。酸量、糖分量、アルコール度数などの情報が載っている場合、その数値と自分の記述が一致しているか確認します。自分のワインを捉える感覚が客観的な情報と一致するように感度を合わせていくことは、正答率の向上と再現性を高めるために必要です。

→ **テクニカルシート**…ワイン生産者が公開しているブドウ栽培、醸造、ワイン成分分析の数値データなど、ワインに関する技術的情報のこと。

正答率向上のためのステップ

Step1 品種の特徴を覚える

- まずはひたすら練習
- 自分の言葉でコメントを書く
- 自分が感じる品種の特徴を知る

品種別のノートで整理する！

Step2 自分の感覚を知る

- 同じワインが出題されたときの自分のコメントを比較する
- 不正解に惜しい気づきがないか確認する
- コメントに矛盾がないか確認する

言葉に出して表現してみる！

Step3 自分の感度を合わせる

- 自分のコメントを読んで、
  そのワインがイメージできるか?
- 香り表現、酸と糖、タンニンを
  正しく感じられているか?
- 醸造工程と整合性がとれた
  コメントができているか?

**テクニカルシートの情報と
突き合わせて確認する!**

ブラインドに挑む自分自身を知る

　自分自身を客観的に知ることが大切です。ブラインドに挑む皆さんが自分自身を理解して対処するポイントをあげます。

正確度と再現度

　教室やグループで練習をしていると「アリゴテの女王」「マルベックおじさん」などと呼ばれ、この品種は得意という人が現れます。ただしこう呼ばれたら注意が必要です。私も「コルテーゼおじさん」「ネレッロ（マスカレーゼ）おじさん」などと呼ばれたことがありますが、振り返ってみるとこの品種を回答することが多い傾向にありました。つまり出題されたら確かに正答することはあるのですが、この品種を書いて間違えていることのほうが多かったのです。これはつまり正確度が低いことを表しており、例えば5回コルテーゼと回答したが、1回しか正答しなかったことになります。このようなことが起きる原因として、この品種に苦手意識をもっているにも関わらず、明確な品種の個性の手応えが掴めていないので回答数が増えてい

[正確度と精度（再現性）]　※中心が正解とする

正確度　正しい答えに近い
×：いつもまずリースリングと書くので、リースリングは正解することが多い
○：リースリングと回答したときに間違えることは少ない

正確性あり　　**正確性あり**　　正確性なし　　正確性なし

精度（再現性）　ばらつきが小さい
×：同じワインなのにいつも違う品種を回答してしまう
○：アルバリーニョをいつもシュナン・ブランと回答してしまう

再現性あり　　**再現性あり**　　**再現性あり**　　再現性なし

る場合があります。このような状態から脱するためには、複数の生産者の同品種の
ワインを購入して一気に飲んでみることをおすすめします。荒療治に聞こえるかもし
れませんが、生産者によらない自分なりの品種個性を見出すことができると正確度
が飛躍的に向上します。

　一方で、間違え方のパターンを分析すると、特定の品種同士を何度も間違えて
いることがあります。例えばガメイとサンジョヴェーゼ、アルバリーニョとシュナン・
ブランなど。これは一見当たっていないのですが、同じ間違えを繰り返すことは精
度が高いことを示しています。このことに気づくことができれば大きなチャンスです。
つまりその品種の違いを自分の中で整理できれば2つの品種を同時に克服するこ
とができます。

間違えから自分を理解する

　冒頭でもお話ししましたが、ブラインドは感性と知性のいずれも高いレベルが要
求されることから簡単ではありません。初めてブラインドを行った際にまったく正答
できないとかなり落ち込むこともあると思います。 けれど皆最初は同じですので落
ち込まないでください。初めての方にとっては、今までほぼ使ったことのない感覚
を用いて、経験したことのない考え方で脳を使っていくことから、最初から上手く
いくことは極めて少ないです。しかし諦めず、目を背けず不正解を振り返ることに
学びがあります。ワインと向き合う自分にはどんな特徴があるのか、どうワインを感
じているのか、自分自身に対する発見の連続です。

数多く間違えた人が正答を手にする

　私はブラインドを繰り返していく中、数えられないほどの不正答を繰り返しました。
ただ次は当てたいという負けず嫌いの気持ちから、なぜ間違えるのか考えるように
なり、結果的に振り返りが能力を向上させる重要なカギであることに気がつきまし
た。つまり不正答を繰り返すことは成功の近道であり、間違えにこそ学びがあるの
です。このことに気がついてから間違えることが怖くなくなりました。むしろ自分の
伸びしろを感じましたし、間違えることを楽しめるようになったのです。

当てたいと思わない

　「当てる！」「当てたい！」という気持ちが沸き上がることは日々あります。しかしその気持ちを強く抑えるようにしています。なぜなら何としても正答したいという思いが強くなればなるほどバイアスが生じやすいからです。バイアスに苛まれるとワインに目が向かなくなり、ワインの出題者のほうに目が行ったり過去の出題を考えたりします。ワインから目を背けた瞬間勝負は終わっています。「当てる！」と気負わずに、ワインと向き合った結果出した答えが正答だった、不正答だったといったスタンスで臨むのが正解です。

自分を信じる

　ブラインドは自分で編み出す、体得することで能力が開発されるように感じています。自分の五感をワインの分析機器として使い、もう一人の自分がその分析結果から知識、経験を踏まえて品種を特定しているようなイメージです。ブラインドは苦手と挑むのをやめてしまわずに、人は同じく優れた五感をもっており、ワインの知識が十分であれば、ブラインドの方法を確立することによってブラインドの能力は向上すると考えてください。諦めたらゲームセットです。

ひらめきを味方につける

　ブラインドで奇跡と言えるような正答を目にすることがあります。また私自身も、これを当てることができたのか、と驚いてしまうようなひらめきを経験したことがあります。そしてひらめきがなぜ訪れたのか？　人間の脳の働きや記憶について学んでいくとひらめきは偶然訪れるのではなく、ある状態まで自分を導ければ高い頻度でひらめくことができるのではと考えるようになりました。

　ブラインドに限らず皆さんも突然アイデアがひらめいたこと、考え続けてもわからなかった問題が解けたことがあると思います。日常の中でさまざまな場面でひらめきが訪れるのと同じように、ブラインドでも同じことが起きています。ひらめきとは過去に蓄積してきた経験や学習のデータベースから、無意識かつ高速で答えが引き出されることと定義されています。つまり練習を繰り返して経験、学習を積み重ねていく必要があるのですが、**ワインの記憶、知識、判断の経験を積み重ねていくことによって直観力は向上していく**ということです。ただこれだけではダメで、より多くひらめくためには条件があると思っています。

　繰り返しですが、決めつけや無意識の先入観といったバイアスを排除することがまず必要です。思い込んでいるとひらめいたような気がしているだけで、実は何にもひらめいていないことが起きます。「昨日飲んだワインと似ている気がする」など、ひらめいたような気がしているだけで、実は思い込んでいただけなど判別がつかないのです。まずは思い込みを排除してワインと自分自身に向き合うことが必要になります。

「何となく」に気づく

　ひらめきを捉えるためには、「何となく」浮かび上がる自分の感覚に気づくことが必要です。イスラエル・テルアビブ大学の研究では、直感は高い確率で正しい可能性があることを示しました。この実験では、コンピュータ画面に捉え切れないくらいの高速で2つの数字が表示されます（例えば1と2など）。そして、被験者に最終的にどちらの数字が多く表示されたかを当ててもらいます。被験者は目で数字を数えることができないため、答えるときはそのほとんどが直観（勘）なのですが、それでも6回の試験で的中率は65%となり、24回試験を行うと90%の的中率となったのです。つまり、6回経験するよりも、24回経験したほうがより正しい選択が行えており、この結果が意味することは、直観は「何となく」を繰り返すことによって精度が高まる可能性があるということです。

脳の余裕と心の安定

　さらに自分自身のひらめきを感じやすくするためには「脳の余裕と心の安定」が必要です。これは例えばクンクンメソッドのようにやり方を決めておき、感じることに集中する、感じたことを基に考えるといった手順を事前に決めておくだけで、「今やるべきこと」が明確になり、余計なことを気にする必要がなくなります。すると脳に余裕が生まれるため、直観がより生じやすくなるのです。

　皆さんはひらめきを感じたのに無視してしまったことはないでしょうか？　何となく自分の直観が信じられない、また緊張する場面で心にゆとりがなく直観が生かせないこともあると思います。「脳の余裕と心の安定」を保ち、自分自身を信じることが何より大切です。

ブラインドは自分自身との対話

　ブラインドに挑む上で大事なことは、ブラインドはワインを通して自分自身と対話していることだと気づくことです。私自身よく感じるのですが、頭で考えて捻り出した答えよりも、心に浮かび上がる答えが正答することがよくあります。論理的に考えるよりも心にさざ波のように浮かび上がる品種のイメージを感じることがあるのです。非常にスピリチュアルな体験ですが、そのさざ波のイメージが正答だったとき、自分自身はワインから何かを感じていて答えがわかっているのだなと思うのです。感

覚を最大限に生かし、右脳でワインを感じ、左脳で分析し結論に導くブラインドを
繰り返すことでだんだんと成果を感じることができるはずです。

効果的な練習方法のためのヒント

　ブラインド能力を向上させるには、いかにブラインドでワインに向き合う回数を増やすかが重要です。そしてブラインドはさまざまな方法でトレーニングが可能です。練習の機会としては、ワインスクールで開催されるブラインドの講座に参加することが最も効率的だと思いますが、開催される都市は限られています。そのほかではワインショップなどの酒販店、レストラン主催の勉強会に参加したり、やる気があるならば自分で主催してみるのもよいでしょう。

準備

●集客

　身近にブラインド仲間がいない場合はSNSを通して呼びかけてみましょう。また
はワイン会やレストラン主催のワイン会、ワインショップのイベント、日本ソムリエ
協会をはじめとするワイン団体のセミナーなどでつながりを見つけましょう。日本ソ
ムリエ協会は47都道府県に支部がある頼もしい組織です。多くのワイン仲間とつ
ながることができるはずです。

●会場

　勉強会の開催に理想的な会場は会議室です。蛍光灯のほうがワインの色が見え
やすいメリットがあります。会議室で行う場合はワインを持ち込んでよいか（お酒
NGの場合がある）、洗い場が使用できるか事前に確認しましょう。個人宅やマン
ションのパーティールームなどの共用施設などもよいでしょう。

　レストランなどで実施する場合は、料理と共にテイスティングすると香りや味を
評価することが難しくなるため、先に勉強会を実施した後に食事をいただくように
しましょう。

●用意するもの

　ワイングラスは参加者が各自持参しましょう。まずは6アイテムを1フライトとして練習するとよいと思いますので、I.N.A.O.テイスティンググラスを6脚セットで購入するとよいでしょう。大会のような形式で競うことを目的とするのであれば回答用紙は主催者が用意するか、参加者各自がノートを持参します。吐器（大きめの紙コップなど）、水、水用のコップ、キッチンタオル、ティッシュ、ウエットティッシュ、ごみ袋、筆記用具、ソムリエナイフが必要です。ワインが見えないようにマスキングするための袋があると便利です。ネットで購入可能ですが、ない場合はアルミホイルで包んだりします。

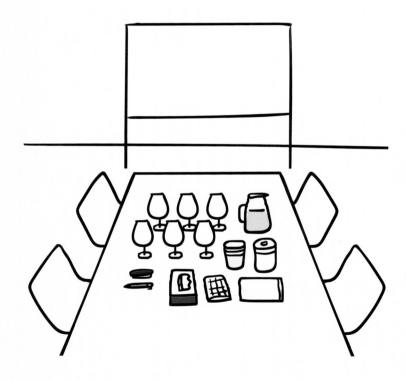

→ **I.N.A.O.テイスティンググラス**…I.N.A.O.（国立原産地・品質研究所）に認定されたやや小ぶりのワイングラス。ISO（国際標準化機構）の規格に準じた国際規格のテイスティンググラスで、品種や産地が違うワインを同じ条件でテイスティングできる。

●ワイン

　ワインは主催者がすべて用意することもできますが、その場合、主催者が練習をすることができないため、参加者に持参していただくことをおすすめします。私の行う勉強会では各自白、赤を1本ずつ計2本持参して行うことが多いです。ブラインドをする際はどのようなワインを持参すればよいか悩まれることが多いと思いますので、以下を参考にしていただければと思います。

ブラインドで出題するワインの一例

1　世界の代表的なワイン産地である。
　（例えばシャブリ、モーゼル、リオハ、カリフォルニア、メンドーサなど）
2　1の産地でワインを造っているワインメーカーから尊敬される
　ワイン生産者である。
3　1、2の条件を備えたワイン生産者の産地を代表するブドウ品種の
　典型的な醸造方法で造られたワインである。
4　一定の生産量があり入手が容易である。
5　過度に熟成したものではなく、現在流通しているアイテムである。

　まずは1〜5を兼ね備えたワインで練習しましょう。生産量が少ない限定品、マイナー品種、一般的でない特殊な醸造方法を用いているなど例外的なワインは専門家、愛好家として大変魅力的で発見が多いですが、まずは基本から学んでいきましょう。本書で紹介されているワインを参考にして練習することをおすすめします。

実践

●出題方法

1. 複数のワインを評価し回答する方法

［Comparative Blind Wine Tasting］

最初の練習ではまず複数アイテム（3〜6種）を比較するとよいでしょう。ブラインドの難易度は低くなりますが、各ワインを比較することでワイン間の違いに気がつきやすくなります。気をつけないといけない点としては、比較することで答えを導く方法に慣れすぎてしまい、出題されたワインの比較でのみ答えを決めてしまうことです。例えばいちばん酸が高いと感じた白ワインはリースリングにしてしまう、いちばんタンニンが強い赤ワインをカベルネ・ソーヴィニヨンにしてしまう、結果的にすべてのワインが少しずつずれてしまった、などということがよく起こります。比較せずとも各アイテムを見極めることが理想ですので、比較に頼りすぎないようにしましょう。

2. ひとつのワインのみ評価し回答する方法

［Single Blind Wine Tasting］

コンテスト、ブラインド大会などで上位を目指すのであればこの方法で練習しましょう。比較できないので香り、味わいを正確に捉える必要があります。自分の過去の印象と照らし合わせながらワインを特定する作業を行うことになりますので、自分の中にぶれない軸が備わっている必要があります。軸が明確でないうちにこの方法で練習しても得るものはむしろ少なくな

る可能性がありますので、その場合は 1. のやり方でまずは練習しましょう。2. は難易度が高いですが、上位を目指すのであれば最終的にこの方法で練習します。

3. テーマを決めて出題する

　やる気のある主催者による勉強会では、いろいろなテーマで企画することが可能になります。これは 1. と 2. を基本として、さらに品種を詳しく知るときに役立ちます。例えばグリューナー・ヴェルトリーナーとシルヴァーナーの比較、カベルネ・フランと日本メルロの比較など、見極めの難しいブドウ品種同士を比較するといった勉強会はワインを掘り下げることができます。ジンファンデルとプリミティーヴォの比較、フランスと南アフリカのシュナン・ブランの比較、ヴィオニエ、ゲヴュルツトラミネール、トロンテスなど香り高い品種の比較などもテーマとしておもしろそうです。

●時間

　1 アイテムにかける時間は 5 分を目安にしましょう。ブラインドは感じること、考えることを分けることが大事であるとお伝えしました。慣れないうちはなかなか難しいと思います。これは 5 分間時間をとってワインと向き合い続けていくことで集中力を養うことにもつながります。繰り返すうちにだんだん頭の整理ができるようになり、ワイン分析に時間がかからなくなります。

　ワインスクールのブラインドテイスティング大会などでは 3 分の回答時間が多いです。速やかに結論を出すことができるようになることが求められています。最初からそのレベルに到達することは難しいですし、十分時間をかけて納得いく回答を導き出せるようになることが何より大事です。最初は時間を十分に取って練習するようにしましょう。なお、日本ソムリエ協会のブラインドテイスティングコンテストの決勝の回答時間は 80 秒です。この場合は先にお話ししたひらめきが決め手になります。このレベルで勝負するためには、多くの練習を繰り返すことによって脳内に多くのデータベースを構築する必要があります。そうすれば答えを瞬時に導くことができるでしょう。簡単ではありませんが多くのテイスターがここを目指して努力しています。

実践

●回答方法

本番は一度きりの回答で正答を導かないといけません。よって一度の回答がスタンダードになると思いますが、私のおすすめは複数回回答できる練習法です。この方法は出題者にワインを出題してもらい、その出題者に採点してもらいます。もし間違えていた場合は再度回答を書いて採点を行ってもらうという方式で、実際に私が勉強会で行っている方法です。なお回答できる回数は3回までとしています。この方法は当たった、はずれたで終わらせるのではなく、再度考えて自分の間違えのパターンに気づくことが目的です。3回までの自分の回答を改めて見てみると自分の思考パターンが見えてきます。

間違え方のパターンが見えてくると仮説を設定する際の選択肢になりますので、非常に重要な情報になります。例えばシラーとマルベックを多く間違えたことがあれば、シラーと思ったらマルベックも選択の候補にあげるなどと考えることができます。

実践後

●一度出題したアイテムを再び出題する

　勉強会が終わった後、出題したワインを使ってもう一度ブラインドすると良い復習になります。勉強会で間違えていても再び出題されて正解できれば、自分の中で体得できたことを確認できます。逆に復習で不正解だった場合はまだまだそのワインの特徴を捉えられていないことがわかります。

　自分で同じワインを購入するのもよいですが、主催者の許可を得て小瓶でワインを持ち帰るという方法もあります。小瓶は100円ショップやネットで手に入るので用意しておき、間違えたアイテムや苦手な品種を持ち帰って後日復習するのは良い方法です。ただしワインによって状態の変化が早い場合があります。例えば熟成感が強く感じられるように変化していたり、揮発する酸の印象が強くなったりします。その場合、本来のワインと異なる印象で記憶してしまう可能性がありますので日にちを置きすぎないように注意してください。

●一人で練習する

　ブラインドは一人で練習するのはなかなか難しいですし、費用がかかります。とは言っても自分で苦手が特定できている場合はそこに注力することは有益です。私はグリューナー・ヴェルトリーナー、アルバリーニョ、サンジョヴェーゼ、マルベックなどを苦手にしていました。そこでこれらの品種の苦手克服のため、すべての品種を生産者別に6本購入してハウスワインのように毎晩飲みつつテイスティングコメントを記録しました。すると同じように感じているコメントがあることに気づきました。アルゼンチンのマルベックであれば、例えば色素量はかなり高いにも関わらず、タンニンの収れんが強くないこと、スミレ、バラのような花の香りがあること、酸が比較的高いことなど共通点を見出しました。体得できた手応えは自分にとって腑に落ちますのでその後の品種理解に大きく貢献します。ただ自分が嫌になるほど飲み続けましたので、新たな気づきを得るきっかけになったのかもしれません。またこの方法は家でのんびりと実施できることもメリットと思います。

　また最近ではオンラインでワインを郵送してもらえる講座もありますので、こういった機会を利用するのも便利でよいでしょう。

実際に私が使っているブラインドテイスティングシートの一例です。ここではワイン③までですが、ワインの数だけ用意して書き込んでいきます。

［ブラインドテイスティングシート］

	ワイン①	○ ×	ワイン②	○ ×	ワイン③	○ ×
外観						
香り						
仮説						
味わい						
品種 生産国／地域 生産年						
なぜ 間違えたか or なぜ 正答できたか						
次回正答する ための 振り返り						

第4章
ワインを知る

　さて第2・3章ではワインに向き合う我々人間の特徴とブラインドの方法、能力を向上させる方法を解説しました。

　ではここからはワインについて考えていきましょう。皆さんは「ワインとは何か」と問われたらまずどのようなことを思い描きますか? ワインの産地、テロワール、または生産者の情報に思いを巡らす方が多いと思います。

　私はワインがどんな物質で構成されているのか気になります。そしてここからは科学的な視点でワインを分析します。ワインの成分を考えることはブラインドを行う上で重要な知識になりますので確認していきましょう。

ワインの成分

　ワインの香り、味わいはどのような材料で構成されているのか考えていきましょう。当然のことですが圧倒的に割合が高いのはブドウ由来の成分です。**ブドウは果皮、果肉、種子、梗**で構成されています。ワイン中にどのようにブドウから成分が抽出されるか、どの程度抽出されるかは醸造中の工程によって大きく変化します。白ブドウなのか黒ブドウなのかもそうですが、どのような醸造工程を経るのかでまったく異なるワインが出来上がります。第6章知識を生かす　醸造方法のページで詳しく説明します。

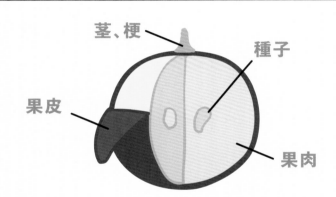

茎、梗

種子

果皮

果肉

苦味、渋味＝
果皮、梗、種子から
タンニン類（カテキン、フラボノール、
プロアントシアニジンなど）
色素（アントシアニンなど）

甘味、酸味＝
果肉から
糖分（ブドウ糖、果糖、ショ糖など）
有機酸（酒石酸、リンゴ酸、
乳酸、クエン酸など）

　ではブドウ以外でワインを形作る材料は何でしょうか？　実はそれほど多くありません。**ひとつ目はブドウを発酵させるための酵母（野生酵母、培養酵母）、2つ目は樽です。3つ目は乳酸菌**です。樽熟成の工程がなく、マロラクティック発酵（MLF）を行わずに製造されたワインはブドウと酵母だけで造られることになります。MLFを行い樽での熟成を行うワインはブドウ、酵母、樽、乳酸菌を材料にしているため複雑になります。よってブドウの果汁と酵母だけで造られる白ワインは最もシンプルに造られるということになります。このような整理ができるとわかりやすくなります。

　ではここからブドウ、酵母、樽、乳酸菌によってもたらされる香り、味わいをワインとして具体的にどのような成分で構成されているのか整理していきましょう。

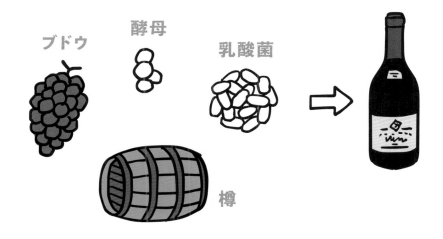

※亜硫酸や清澄剤、滓下げ剤などさまざまな材料をワイン醸造に用いますが、これらの物質によって香りや味わいを付加することを目的に用いているわけではありませんので、要素として除いています。
※予期せぬ微生物の増加によって香りや味わいに影響が生じることがあります。これは主に亜硫酸の添加をしない、あるいはより少ない量の添加によって造られるワインである場合、コルクによる問題、醸造設備の不衛生、醸造・保管上の温度管理不足などさまざまな条件によって、ワイン中に微生物の繁殖による香りなどの影響が残ることがあります。野生（汚染）乳酸菌などの予期しない微生物繁殖によって豆臭（マウス・フレーバー）が生じることや、酢酸菌によって揮発酸（酢酸、酢酸エチルなど）の欠陥臭が生じ、味わいにまでも影響があることがあります。ただしこのようなことは健全なワイン製造では起きない（起こさない）ことですので要素から除いています。

ワイン中の成分

水分

　ワインの主要成分は水分です。典型的なワイン醸造では水分の添加が認められていないため、水分はブドウ果実中の果肉に由来し、ブドウが根から吸い上げる水分によって構成されます。**水分の最も重要な働きは、すべての物質を溶かし混ぜ合わせる**ことです。根からさまざまな物質を吸収できるのは水分のおかげなのです。水分はワイン成分の80％以上を構成していますが、ワインによってその割合は異なっていますので、水分の割合が多く水っぽく感じられる薄いワインも存在します。

アルコール

　アルコールは 2 番目に多い成分でその大半はエタノールです。ワインに含まれるアルコールの量はパーセントでの表示義務があり、アルコール度数としてラベル上へ表示されます。ワインの種類によってその量は異なりますが、酒精強化ワインを除けば、通常 8 〜 15％ 含まれています。**アルコールは水分では溶かすことができないポリフェノールなど難溶性の成分を溶かす**ことができます。さらに微生物からワインを守る抗菌作用を発揮します。

　エタノール以外のアルコールも存在しており、そのひとつのグリセロールは甘味があります。貴腐菌（ボトリティス・シネレア菌）はグリセロールを多く産生するため、貴腐ワインに多く含まれています。貴腐ワインの甘さには糖分に加えてグリセロールの甘さが加味されているのです。

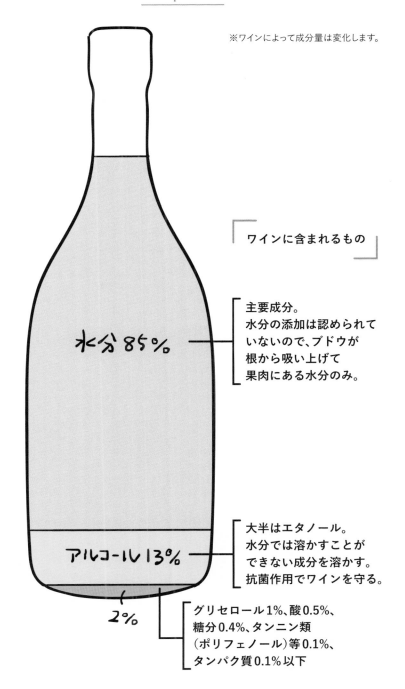

※ワインによって成分量は変化します。

ワインに含まれるもの

水分85%

主要成分。
水分の添加は認められて
いないので、ブドウが
根から吸い上げて
果肉にある水分のみ。

アルコール13%

大半はエタノール。
水分では溶かすことが
できない成分を溶かす。
抗菌作用でワインを守る。

2%

グリセロール1%、酸0.5%、
糖分0.4%、タンニン類
（ポリフェノール）等0.1%、
タンパク質0.1%以下

酸（有機酸）

　酸はワインの味を構成する中心的な成分です。主な種類は、ブドウに元々含まれている**酒石酸をはじめ、リンゴ酸、クエン酸、醸造過程で生成される乳酸、酢酸、コハク酸**があります。ワイン中の酸量は5.5 〜 8.5g/L が適正である言われています（酒石酸換算）。最も**ワイン中に多く含まれるのは酒石酸でブドウに固有の酸**です。ワインの化学的安定性や色に大きく関わり、また最終的な味に影響を与える最も重要な酸です。溶解性が高く、アルコールに溶けている状態ですが、低温にすると結晶化することがあります。一度析出してしまったら常温では再溶解しませんので、結果的にワイン中の酸は少なくなるため本来の味わいから変化してしまいます。ワインの冷やしすぎは禁物なのです。

　次に重要な酸はリンゴ酸です。**リンゴ酸はフレッシュかつ強い酸味**をもちワインの風味に爽快感を与えます。ブドウ中ではヴェレゾン前かつ熟す直前に濃度のピークがありますが、ブドウの熟度に応じて代謝され減少します。高温化でも減少しますので、冷涼地ではリンゴ酸が多く、温暖地では少なくなることが予想されます。赤ワインでマロラクティック発酵（MLF）を行う場合、リンゴ酸はほぼ乳酸に置き換わるためワイン中にはほぼ残りません。

　酒石酸　　　リンゴ酸　　　クエン酸

　乳酸　　　酢酸　　　コハク酸

➡ **ヴェレゾン**…ブドウが緑から紫へと色づいていくこと。

　乳酸は酒石酸やリンゴ酸よりも弱い酸であり、柔らかな酸味を与えます。ヨーグルトの酸と言えばイメージしやすいでしょうか。元々ブドウにはごく少量しか含まれていませんので、MLF を行わない白ワインではほぼ存在しません。クエン酸はレモンなど柑橘類に多く含まれますが、ブドウにも微量に存在します。

　また上記以外にも旨味をもたらすコハク酸、揮発性が強いためお酢の香りとして感じられる酢酸が微量に含まれます。

　さて酸の種類による味わいの違いですが、私の印象として酒石酸とリンゴ酸は遜色ないほど酸っぱいです。それに比べ乳酸はかなり柔らかな味わいですので、この２つの酸とは印象がかなり異なります。酸の違いによる味わいのイメージとしては、例えばアルザスのリースリングであれば、リンゴ酸と酒石酸によって構成され鋭い酸が主体的です。一方、MLF を行うブルゴーニュのシャルドネであれば、リンゴ酸が乳酸に変化しますので酒石酸と乳酸で酸が構成され、リースリングよりも柔らかい酸の味わいになります。赤ワインはほぼ MLF を行いますので、酒石酸と乳酸による柔らかい酸の味わいになりますが、元々のリンゴ酸が少なく酒石酸が多い黒ブドウを用いた赤ワインの場合は、より酸が高いと感じられるでしょう。このように酸の構成によってワイン中の酸の味わいは大きく変化します。

pH と有機酸の関係性

　有機酸は、水溶液中で水素イオン（H^+）を放出する性質があります。この水素イオンは水分子と反応して、水素イオンの量が多いほど水溶液の酸性度が高くなります。この酸性度の程度を表す指標が pH です。pH は、水溶液中の水素イオンの濃度に応じて決まります。すなわち、水素イオンの濃度が高いほど pH は低くなります。

　したがって、有機酸の量が増えると水溶液中の水素イオンの濃度も増えます。それにより水溶液の酸性度は高くなり、pH は低くなります。逆に有機酸の量が減ると水溶液の酸性度は低くなり、pH は高くなります。　つまり、有機酸の量と pH は反比例の関係にあります。有機酸の量が増えると pH は低くなり、有機酸の量が減ると pH は高くなります。

糖分

　ワインには少量ですが糖分が含まれます。通常の辛口ワインであれば1～2g/L以下ですが、アルザス地方の白ワインであれば品種によらず5g/Lを上回るものも少なくありません。赤ワインでも晩熟品種であるネッビオーロや糖度の上がりやすいと言われるグルナッシュ、ジンファンデルなどは5g/L強になることがあります。

　ブドウ内の糖分は、まず二糖類であるスクロース（ショ糖）が光合成によって生成され果実内に蓄積します。スクロースはわかりやすく言うと砂糖です。そしてその二糖類であるスクロースは加水分解することによって、単糖類であるグルコース（ブドウ糖）、フルクトース（果糖）を生成します。ワイン醸造において酵母は単糖類を分解してエタノールを生成しますが、グルコース、フルクトースの順に分解されます。酒精強化ワインなどで高濃度アルコールを添加することによって発酵を途中で止める場合は、分解の遅いフルクトースが多く残ることになります。グルコースよりもフルクトースのほうが甘いため酒精強化ワインはより強い甘味が生じます。ブドウの過熟によってもフルクトースが増えることがわかっています。また糖分はすべてアルコール発酵で消費されるイメージがありますが、ブドウ中には酵母によって分解されない糖分が微量に存在するため、ワイン中の糖分がゼロになることはありません。

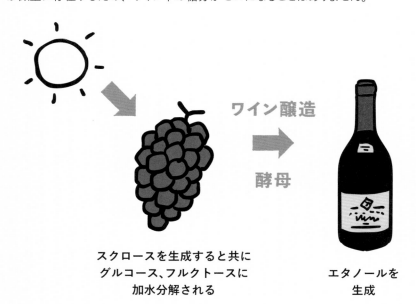

ワイン醸造
酵母

スクロースを生成すると共に
グルコース、フルクトースに
加水分解される

エタノールを
生成

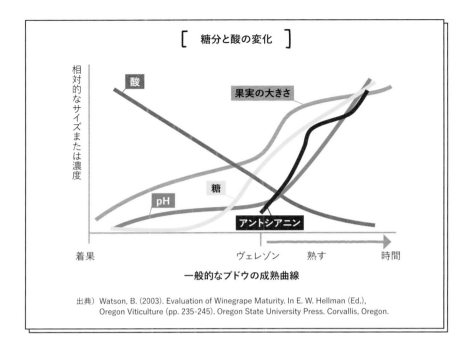

[糖分と酸の変化]

相対的なサイズまたは濃度

酸

果実の大きさ

糖

pH

アントシアニン

着果　　　　　ヴェレゾン　　熟す　　　　時間

一般的なブドウの成熟曲線

出典）Watson, B. (2003). Evaluation of Winegrape Maturity. In E. W. Hellman (Ed.),
Oregon Viticulture (pp. 235-245). Oregon State University Press. Corvallis, Oregon.

ポリフェノール　タンニン

　ポリフェノール（化学構造内に複数のフェノール性水酸基をもつ物質の総称）は、ほぼすべての植物がもつ苦味や渋味、色素の成分です。ワインで用いられるタンニンという用語は**苦味、収れん性をもたらすブドウの果皮成分**のことを言っており、一般的に用いられるタンニンは植物に由来しタンパク質などと強く結合する物質の総称として用いられています。ポリフェノールはフェノール構造をもつ物質の総称であるので、タンニンと同意ではありません。ポリフェノールと呼ばれる名称の中にタンニンが含まれています（全てではありません）。ポリフェノールは**果皮、種子に多く含まれるため、白ブドウに比べて黒ブドウはポリフェ**

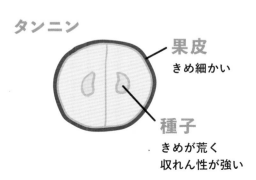

タンニン

果皮
きめ細かい

種子
きめが荒く
収れん性が強い

ノール量が多く、白ワインは多くても赤ワインの数分の一程度です。そしてポリフェノールは赤ワインの味わいの骨格を構成しています。

　この味わいの中心となるポリフェノールは縮合型タンニンと呼ばれ、プロアントシアニジンが主要な物質です。この成分は、主としてブドウの果皮と種子に存在します。第6章知識を生かす　醸造方法のページで説明しますが、果皮、種子を一緒に醸し発酵を行うと赤ワインではタンニンがより多く抽出されます。果皮に含まれるタンニンはきめが細かく、種に含まれるタンニンのほうがきめが荒く収れん性が強くなります。

　また樽から溶出するタンニンもあります。これはエラジタンニン、ガロタンニンなどと総称される加水分解型タンニンです。エラジタンニンは樽熟成中、徐々にワインに溶出しワインの味わいの骨格を補強します。またエラジタンニンには強い酸化抑制作用があり、樽熟成された赤ワインはこの作用により色が安定します。ワイン成分の冒頭で、ブドウ以外にワインを構成する成分のひとつは樽であるとお伝えしましたが、樽からの成分としてはタンニンや木由来の香り成分、さらには木を焦がしたことによって生じる成分が抽出されることになります。これは第5章ワインの評価項目のページで詳細を説明します。

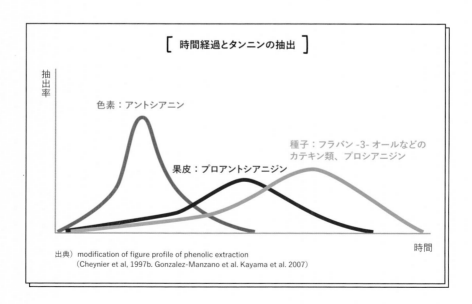

[**時間経過とタンニンの抽出**]

抽出率

色素：アントシアニン

種子：フラバン-3-オールなどの
カテキン類、プロシアニジン

果皮：プロアントシアニジン

時間

出典）modification of figure profile of phenolic extraction
　　　(Cheynier et al, 1997b. Gonzalez-Manzano et al. Kayama et al. 2007)

ポリフェノール　アントシアニン

　アントシアニンは**ポリフェノールの一種であり、植物を色づける成分**としてブドウだけでなくほぼすべての植物に含まれています。ブドウの果皮からのアントシアニンは主に赤ワインに色をもたらします。アントシアニンはpHによって色が大きく変化することからワインの外観の色合いに大きく影響しています。

　アントシアニンの蓄積はブドウのヴェレゾン後から開始し、成熟に伴って着色が進みます。ワイン造りにおいてアントシアニンの抽出は外観をより魅力的にするだけでなく、厚みのある味わいにするために重要です。そしてアントシアニンの抽出はアルコール発酵前に低温マセレーション（低温浸漬）やスキンコンタクト（果皮との接触）を行うこと、アルコール発酵中での果汁との接触によってワイン中に効率的に抽出されます。これは赤ワインに限ったことではなく、白ブドウを用いた白ワインでもスキンコンタクトや、赤ワインと同様の醸し発酵の工程を経ることによってアントシアニンをはじめとした色素の抽出が増え、結果的にオレンジなど濃い色調になります。このような製法が用いられるワインとしては、ジョージアのアンバーワインが有名です。

　ブドウ果皮におけるアントシアニンの産生量は日照量の影響を受けます。アントシアニンは紫外線からブドウ果実を守る働きを担っているため、例えば標高1,000mなどの高地のブドウ畑であれば、太陽からの紫外線量を多く浴びるためアントシアニンの産生が増加します。白ブドウに比べて黒ブドウはアントシアニン産生量が多いため、高地の黒ブドウであればワインの色調が大きく変化します。これはアルゼンチンのメンドーサ地方など高地で栽培されるマルベックの外観に特徴的に表れています。

　アントシアニンの色の変化ですが、pHによって**92**ページの図のように変化します。サンジョヴェーゼなど低pH（酸が高い）のワインではより赤色が強く、安定した色調になります。一方、シラー、メルロなど高pH（酸が低い）のワインは青色が強く、時に灰色を帯びることがあります。このアントシアニンの色合いの変化はブラインドにおいて重要な情報となりますので、第5章ワインの評価項目の色調のページでお話しします。

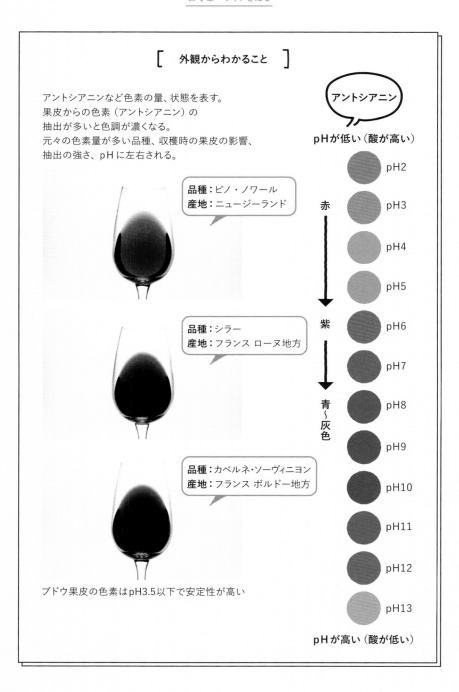

[　　外観からわかること　　]

アントシアニンなど色素の量、状態を表す。
果皮からの色素（アントシアニン）の
抽出が多いと色調が濃くなる。
元々の色素量が多い品種、収穫時の果皮の影響、
抽出の強さ、pHに左右される。

アントシアニン

pHが低い（酸が高い）

品種：ピノ・ノワール
産地：ニュージーランド

赤

pH2

pH3

pH4

pH5

紫

pH6

品種：シラー
産地：フランス ローヌ地方

pH7

pH8

青
〜
灰
色

pH9

品種：カベルネ・ソーヴィニヨン
産地：フランス ボルドー地方

pH10

pH11

pH12

ブドウ果皮の色素はpH3.5以下で安定性が高い

pH13

pHが高い（酸が低い）

香り成分

　ワインの香り成分は数百種類と言われており、品種やワインによってさまざまな成分が異なる濃度で存在しているため大変重要ですが複雑です。嗅覚のページでお話ししましたが、香りを知覚するためにはその香り成分が鼻内の嗅覚受容体に結合する必要があります。つまりよく香るための条件としては、その**香り成分が軽い物質（分子量が少ない）**である必要があります。皆さんがお花畑を歩いたときに花の香りを感じられるのは、花の香り成分が軽いため空気中を漂っていることから鼻腔内で捕捉しやすいのです。

　では香らない状態について考えてみましょう。例えばお花畑から一輪を押し花にしてみます。1週間新聞紙で挟み、完全に水分を蒸発させ乾いた状態にしてから、紙に貼りつけてしおりにしました。ではこの押し花からはどのような香りがするでしょうか？　押し花にする前と同じような花の香りがするでしょうか？　そのようなことはなく、無臭あるいはわずかな香りしかしないでしょう。これは**新鮮なときに香った成分が分解、変化してしまうから**です。同様のことはワインでも起きており、**若々しい花の香りがするワインの多くは若いワイン**なのです。そのような香りのする**ワインも熟成させることによってその香りは減少、消失**します。花もワインも同じ原理で香りの変化が起きているのです。

　一方、土や木の香りはどうでしょうか？　香りを嗅ぐためにはこちらから鼻を近づける必要があると思います。これは**土や木を特徴づける香り成分が重い物質（分子量が大きい）**であり、なかなか鼻腔内に入ってこないからです。このように、なぜ香るのか、なぜ香らないのかと考えていくとワインの状態を知るヒントになると考えます。

　ワインの香りには**ワインを特徴づける香り成分があります。このような香り成分はインパクト化合物**と呼ばれており、重要な香りの特徴をワインに与えています。第5章ワインの評価項目の香り表現のページで詳しく説明します。

その他の成分　タンパク質／アミノ酸

　アミノ酸はタンパク質を構成する成分で、アミノ酸は人体に重要な働きをもたらします。**ワイン中にもアミノ酸は含まれており、ワインの旨味に寄与**しています。旨味の多くはグルタミン酸、アスパラギン酸からもたらされ、苦味や甘味に寄与するアミノ酸もワイン中に複数存在します。

　ワインをはじめとするアルコール製造では、シュール・リー製法のように酵母との接触を促す工程があり、液中に生成される遊離アミノ酸（FAA：Free amino acid）が増加します。つまり遊離アミノ酸量は酵母などの微生物との関係性が強いのです。

　シャンパーニュをはじめとするスパークリングワインでは、瓶内二次発酵によって、滓（酵母の死骸）と共に熟成させることにより、酵母の自己消化によるタンパク質の加水分解によって遊離アミノ酸がもたらされます。

　麹菌と酵母の両方を用いた並行複発酵で製造された日本酒では、ワイン以上に多くの遊離アミノ酸が生成されるため強い旨味をもたらします。また滓を濾過しない、あるいは軽い清澄工程によって造られるワインや、タンパク質や酵母などの沈殿物を含む無濾過ビールも豊富な旨味が存在しています。

　通常のスティルワインではアミノ酸量は多くありませんが、シュール・リー製法などの記載がラベル上になくとも、酵母との接触工程を長く行う白ワインは多く存在しますので、旨味が感じられるワインは少なくありません。

滓　ワイン　日本酒　ビール　無ろ過

その他の成分　塩分（塩化ナトリウム、塩化カリウム）

　一般的にはワイン中には塩分は含まれていない、あるいは極めて微量のはずです。それはワイン醸造の工程では塩分が生成されるメカニズムが存在しないからです。しかしワイン中に塩味を感じることは少なくありません。海のそばの畑など塩分が多く存在する地域では、根から土壌中の塩分を吸い上げるのでワインに塩味が存在するという話がありますが、植物は土壌の塩分濃度が上がると浸透圧の変化により水を吸い上げられなくなること、土壌の排水性も悪くなることから、作物が根腐れを起こすのでこれは起こりえません。

　では塩分を感じるワインはどのように生まれるのでしょうか？　これは単純に**ブドウの果皮に付着した海風からの塩分がワイン中に溶出する**という考え方でよいと思っています。スペインのリアス・バイシャス、ギリシャのサントリーニ島などの生産者による研究では、海のそばの畑のブドウを用いた醸造によってワイン中の塩分濃度が上昇したと報告しています。またそのような地域のブドウをスキンコンタクトすることによって果皮に付着した塩分が液中に溶出することも報告されています。収穫後のブドウを洗うことは基本的にありませんので、果皮から溶出するという考え方はシンプルで理解しやすいと考えています。過去に私がシチリアを訪問した際に塩味を強く感じた赤ワインがあり、生産者からはブドウ果皮からの塩分だと説明を受けました。

　余談ですが塩分は甘味の感受性を高め、酸味を和らげる働きがあります。スイカに塩をかけるとより甘く感じられることと同じ理屈です。味わいに影響があるほど大量の塩分が存在することはまれだと思いますが、正確な味わいの評価のためには記憶に留めておくとよいでしょう。

その他の成分　ミネラル

　ミネラルとは生体を構成する主要な4元素（酸素、炭素、水素、窒素）以外の無機化合物の総称で、**代表的なものとしてカルシウム、マグネシウム、ナトリウム、リン、カリウム、鉄など**があります。ブドウ中にこれらの成分が含まれているので、当然ながらワイン中にも存在します。

　フランスのコントレックス市で産出される超硬水のミネラルウォーターは、日本の軟水とはまったく異なる苦味やコクにも似た重い味わいがします。この味わいはカルシウム、マグネシウムによってもたらされており、ミネラルウォーターには硬度が表記されています。日本酒では生産地域の水の硬度によって味わいに影響があることが知られています。男酒（硬水）、女酒（軟水）のように異なった味わいとして感じることができます。

　ワインではどうでしょうか？　ワイン産地の水質の違いによる味わいをワインから感じることは理論上不可能ではないと思います。ただ現時点ではワインにその土地の水の硬度の情報がないこと、水質とワインの味わいの関係性についての知見がほぼないことから、味わいの違いとしてその産地の水質の情報を論拠とすることは時期尚早だと思っています。

　ところでこのページで**ミネラルと呼んでいる各無機化合物の成分には香りがありません。** ではテイスティングコメントなどでミネラルと呼ばれる香りはどのようなものなのでしょうか？　私はミネラルという香り表現は、カルシウム、マグネシウム、ナトリウム、リン、鉄などから作られている物質の香りをイメージしているのではないかと思っています。例えば石灰／チョーク（炭酸カルシウム）、マッチ（塩素酸カリウム、硫化リン）、ヨード／海水（塩化ナトリウムなど）、鉄棒（鉄）、釘（マグネシウム）などです。多くの素材があるためこれらに限らずさまざまなイメージがあると思いますが、ミネラルの香りのイメージに当てはまるのではないでしょうか。

第5章
ワインの評価項目

　ここまででワインにはさまざまな成分が含まれていることがわかりました。では、このような成分で構成されているワインをどのように評価すればよいのでしょうか?
　ここからは日本ソムリエ協会教本で用いられているワインテイスティング用語を参考にその関連性について説明していきます。

1. 外観

　まずはワインの外観からワインの状態、ワインの特徴を評価します。外観のどういうところを見て、どう判断するのか解説します。

清澄度

　清澄度はワイン液中の混濁の状態を表わしています。細かくはワインの醸造のページで説明しますが、**一般的な白ワインであれば果汁のみを用いますので濁ることはありません。一方赤ワインはブドウ果皮成分を多量に抽出しますので、濁ったように見えることは少なくありません。**アルコール発酵後に通常行われている清澄・濾過の工程を行わない、あるいはフィルターを使わずに滓下げのみといった工程で造られた場合は、濁ったような外観になることがあります。2010年代になってからは、白ワイン、赤ワイン共にノンコラージュ、ノンフィルター、無濾過のワインが流行したことにより、濁りを残すワインが増えました。清澄度の低いワインは典型的な造りではない可能性があることから、品種の個性というよりは造り手の個性と考えられます。

輝き

　ワインの光に対する反射を輝きとして見ています。エタノール、グリセロール、フェノール化合物は光の反射率を高めるので、このような物質の存在によって輝きは増します。網目の細かいフィルターで濾過すると清澄度が高まり輝きが増します。輝きは酸度とも関係しており、酸度が高い（pHが低い）とアントシアニンをはじめとした色素の変色が起きにくく安定しているため、若々しい色合いが保たれます。一方熟成するとワイン中の色素が有色化していくので輝きが見えにくくなり「モヤがかった」ようになります。よって**アルコール度数が高く酸も高い白ワインは輝きが高い**と考えられます。一例ですがヴィオニエ、アシルティコなどの品種は輝きが高いと感じることが多いです。

［ 清澄度 ］

澄んでいる

一般的な白ワインは
濁ることはない。

濁っている

赤ワインはブドウ果皮成分
から濁ったように見えるこ
とがある。最近では濁りを
造り手の個性として残すワ
インも増えてきている。

［ 輝き ］

輝きが高い

アルコール度数も酸も高い白
ワインは輝きが高い。写真は
ヴィオニエ。

輝きが低い

アルコールが低く酸が高くな
い、または熟成したワインは輝
きが低い。写真はガルガネガ。

色調

　ワインの透明度、色合いを色調として評価します。さまざまな色調のワインがあり、微妙な色の違いから情報を得ます。

白ワイン

　白ワインの外観は透明からグレー、グリーンからイエロー、イエローからトパーズ、アンバーといった色調に分けられます。それぞれの色をもたらす成分が各々化学変化しており、その外観を細かく観察することで多くの情報を得ることができます。

　色合いが **透明に近い状態は果皮からの色素成分がほぼ抽出されていない** と考えられ、**醸しなど色調が濃くなる工程を経ていない** と推測できます。逆に **グレーであることは白ブドウの中でも有色の品種**（甲州、ゲヴュルツトラミネール、ピノ・グリなど）を用いている可能性を考えることができます。

　グリーンは葉緑素からの色調であり、果実のフレッシュさ、若さ を表しています。この場合、**収穫時期の早さ** に要因を考えることができますし、また先ほどの透明の色合いと同じように **醸しの工程を経ていない** ピュアな状態と考えることができます。**イエローはその逆であり、よく日を浴び熟した果実である** こ

透明　　グレー　　グリーン

高　←　フレッシュさ

低　←　濃度

→ **葉緑素**…植物の細胞に含まれる緑色の色素。光合成に必要。クロロフィルとも言う。

と、スキンコンタクトなど**醸しを行い果皮からの色素が抽出**され色が増していると考えることができます。醸しによる色素抽出が多くなるにつれてオレンジの色調を帯びていきます。

　イエローからトパーズ、アンバーは時間経過を読み取ることができます。イエローが若い状態だと考えるとトパーズ、アンバーはメイラード反応によって橙色から茶色、褐色系の色素に変化していると考えることができます。これはイエローの色調が少なかったとしても褐変化は時間経過によって起きます。例えば熟成した甲州は、ボトリング時に透明に近かったとしても10年も経過すればトパーズの色調となります。

　さてブラインドにおいては、色だけでワインを特定することは極めて難しいのですが、華やかな香りを生かしたいトロンテスなどの品種であれば、長期間の醸しを行うことは香りの損失につながる可能性があるため行われることは少ないはずです。よって透明やグリーンがかった色調であることが多くなります。また樽熟成の工程を経ることが多いシャルドネのような品種であれば、樽の香りを引き立てるためにもよく熟した果実が必要ですので、グリーンの色調は少なくイエローの色合いが中心になると考えることができます。

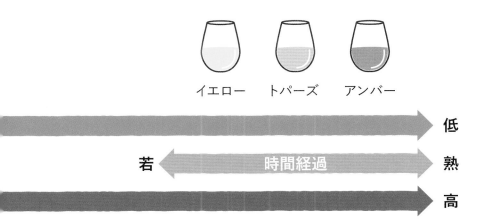

赤ワイン

　赤ワインの色調で重要なのは**色の透明度と色合い**です。色の透明度はグラスの向こう側が透けているかどうかで確認できます。これは**アントシアニンなどの色素量と関係しており、色素量はタンニン量とも相関しています。**透き通っていることが多い品種としてマスカット・ベーリーA、ピノ・ノワール、ガメイ、ネッビオーロ、ネレッロ・マスカレーゼなどがあります。外観はルビー／ラズベリーレッドの色調となります。ネッビオーロ、ネレッロ・マスカレーゼはタンニンによる収れん性が強いのですが、これは特徴的な醸造方法が関係しています。これは後の第6章醸造方法のページで説明します。

　次に確認したいのは色合いです。アントシアニンのページでアントシアニンはpHによって色が変化することを説明しました。アントシアニンはpH3など低い場合はピンクから赤色になります。そしてpH4〜5など中性の方向に変化していくにつれ紫、青、灰色を帯びていきます。つまり**ワインの色合いはpHによって変化する**のです。つまり酸量が多く、低いpHのワインであれば、色素量が多く濃い色合いを帯びたとしても、グラスを傾けて楕円状になったワインの液面の縁を見ることでピンクや赤など明るい色調を確認することができます。例えばカベルネ・ソーヴィニヨン、サンジョヴェーゼなどは酸が高い特徴があり、エッジが赤みがかっていることが多くなります。一方、シラー、メルロ、タナなど酸がそれほど高くないワインであればエッジは紫の色調を帯びます。いずれにしても色素量が多い品種はそのグラスの中心は黒みを帯びていますが、エッジにかけてのグラデーションをよく見ることが大切です。またpHはワインのテクニカルシートに記載されていることが多いので確認してみるとよいでしょう。

　また白ワインと同様ですが、長期熟成が行われている赤ワインであれば、メイラード反応によってオレンジ、トパーズ、マホガニー、レンガの色調を帯びてきます。赤ワインは白ワインと比べてアントシアニンの量が多いため、時間に伴う色調変化は大きくなります。アントシアニンは時間変化に伴ってタンニンと重合して高分子ポリマー（polymeric pigments）を形成することによって、液中の色素自体が減少し色合いが薄くなります。このような**色調変化を時間経過として捉えることができます。**

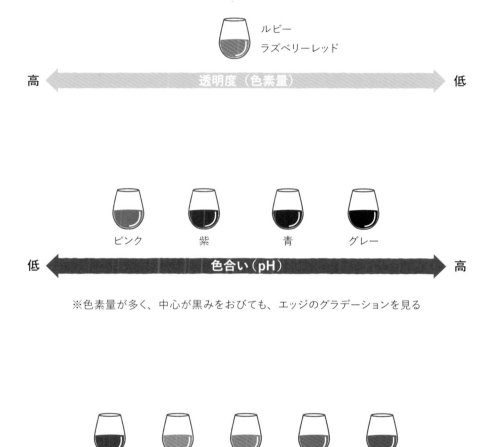

ルビー
ラズベリーレッド

高　　透明度（色素量）　　低

ピンク　　紫　　青　　グレー

低　　色合い（pH）　　高

※色素量が多く、中心が黒みをおびても、エッジのグラデーションを見る

赤　　オレンジ　　トパーズ　　マホガニー　　レンガ

若　　時間経過　　熟

濃淡

　濃淡はアントシアニンなどワインを構成する色素量を示しています。量が多いほど濃く、少ないほど薄くなります。

白ワイン

　白ワインで濃くなる要因としては**有色の品種**（甲州、ゲヴュルツトラミネール、ピノ・グリなど）を用いていること、**果実がよく熟すなどフェノールの成熟**がもたらされていること、**スキンコンタクトなど醸しの工程**を経ていること、**時間経過によってメイラード反応が生じ有色化**することが考えられます。また一般的には日射によって色素の産生が増加することから、**冷涼産地では色が淡く温暖産地では色が濃く**なることが考えられます。

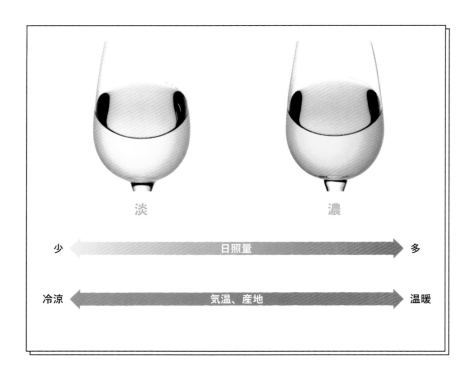

赤ワイン

　赤ワインはそもそも果皮からのアントシアニンなどの色素成分が多量に抽出されるため、**色素量と色合いの2つが濃淡に影響**します。色素成分はブドウの果皮の厚み、日射量が影響します。これは品種によって異なり、サグランティーノ、タナ、カベルネ・ソーヴィニヨン、メルロ、シラー、マルベックなどは色素量が多いため濃い色合いに、ピノ・ノワール、ガメイ、マスカット・ベーリーＡなどは色素量が少ないことから明るい色合いに見えることが多くなります。またアルゼンチンのメンドーサ、中国の雲南省など高地で栽培されているブドウの場合は太陽からの紫外線の影響を強く受けるため、色素量が増加します。ただし、収穫時期によって色素量をコントロールすることや、醸しの工程によってその抽出量の強弱をコントロールすることが可能であるため、色素量の多い品種だから、高地の産地だからワインも色が濃いとステレオタイプに決めることはできません。また色調で説明した通り、pHによってアントシアニンの色が変化するため、ワインのpHが低ければ淡い色合いに、高ければ濃く変化します。

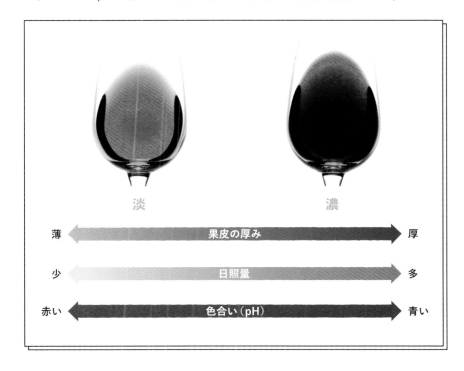

粘性

　ワインの粘性は**糖分、アルコール（エタノール、グリセロールなど）**が多い場合は強くなり、少ないと弱まります。高い糖分によって粘性が強くなる現象はガムシロップや蜂蜜などを思い出してみるとわかりやすいでしょう。ワイン中の粘性の確認方法としてはグラスの壁面を流れるスピードを観察し、遅いと粘性が高く、早いと粘性が低くなります。粘性が高い場合は**果実の成熟が高い、糖度が高い、アルコール量が多い**と考えることができます。ドイツの甘口のリースリングはアルコール度数が10％前後でやや低いですが、残糖量が多いため粘性は高くなります。フランスのローヌ地方のグルナッシュ、アメリカのカリフォルニア州のジンファンデルなど糖分、アルコール共に多いワインでも粘性は強く見えます。

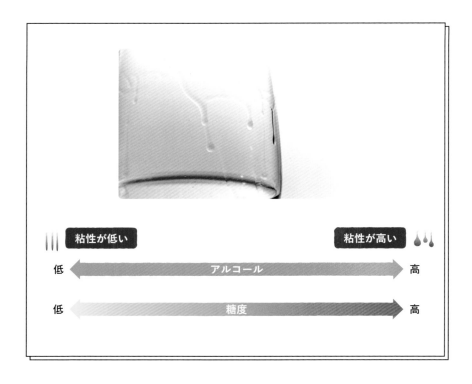

ディスク（液面）

　ディスクの厚さも粘性を量るための参考になります。ディスクはワインの液面の厚みを表しています。この厚みはアルコール（エタノール、グリセロールなど）と水分の表面張力の差によって生じます。アルコール濃度が高いワインではアルコールが先に蒸発するため、水分の多くなった部分の表面張力が厚くなり、**ディスク部分が厚くなります。つまりディスクの厚さでアルコールの高さが推測**できます。

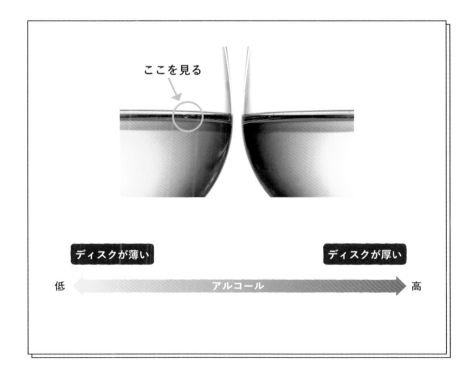

ここを見る

ディスクが薄い　　　　　　　　　　ディスクが厚い

低　←　　　　　　　アルコール　　　　　　→　高

外観の印象

　そのワインが若い状態なのか、それとも熟成しているのか、さらに酸化した状態なのかを判断します。

白ワイン

　外観の**若々しさは、輝きの強さ、グリーンがかった色調**によってもたらされ、「若々しい」「軽快な」と表現します。**成熟度、凝縮度については粘性の高さ、イエローの色調の濃さ**によってもたらされ、「成熟度が高い」「濃縮感がある」と表現します。**熟成は輝きに落ち着き**をもたらし、グリーンの色合いがなく、イエローから黄金色、トパーズなどの**褐色の要素**によって確認ができます。酸化が進むことによってアンバーの色調を伴います。その場合「やや発展した」「熟成のニュアンスが見える」「熟成した」「酸化が進んだ」と表現します。

赤ワイン

　白ワインと同様ですが、赤ワインも**輝きの高さは若々しさ**を表しています。赤ワインはアントシアニンなどの色素成分が多く存在しますので、その色素成分が少ないと軽快な外観に感じられます。その場合「若々しい」「軽快な」と表現します。一方、色素成分量が多く、透過性がなく**グラスの向こう側が見通せない場合は成熟度、凝縮度の高さ**を感じさせます。その場合、多くは粘性も高く、壁面をつたう液体が色づいています。その場合「成熟度が高い」「濃縮感が強い」と表現します。

　一方、**熟成によって輝きは低下**します。また酸量が低下することによってpHが高くなることから**赤から青への色調の変化、**また**メイラード反応による褐色への変化**が起きます。酸化が進んだワインが出題される可能性は少ないですが、酸化が進むことによってマホガニー、レンガのような色調を伴います。熟成の程度によりますが「若い状態を抜けた」「やや熟成した」「熟成した」「酸化熟成のニュアンス」「酸化が進んだ」と用いる表現を選んでいきます。

［ 白ワイン ］

若い

グリーンがかった
輝きがある

熟成

イエローが強い
落ち着いた輝き
粘性が高い

［ 赤ワイン ］

若い

輝きがある
透明性がある
青っぽい

熟成

輝きが少ない
透明性がない
粘性が高い
レンガ色

2. 香り

　本書では繰り返し述べているように、ブラインドにおいては香りが重要な情報となります。ワインの香りは数百種類の揮発成分がさまざまな濃度で構成されています。ワインの香りは非常に複雑ですが、これらの香りによってブドウの品種、生育条件、ワイン醸造、熟成などさまざまな情報を感じとることができます。

　ワインの代表的な香り成分は**ブドウに由来する香りを第1アロマ、醸造に由来する香りを第2アロマ、熟成に由来する香りを第3アロマ**、そしてこの**3つの香りに分類できないものをその他のアロマ**として本書では分類します。この切り口でワインの香りを整理することで理解しやすくなります。

　香りとは香り成分の種類だけでなく、その成分の濃度によっても人間に異なる香りとして認識させます。また嗅覚のページで述べたように特定の香り成分によってはその認識能力に個人差があります。つまり画一的な物差しがない状態で、これはまさに体得していくしかありません。ただし言葉の意味を理解することによって判断力が向上しますので、香り表現の用語のポイントについて説明していきます。

第1アロマ	第2アロマ	第3アロマ
ブドウに由来	醸造に由来	熟成に由来

第一印象

　第一印象は**香りの強弱**を表しています。**ワインの香りはブドウの果皮からの成分**によって生じています。その香りには強い芳香を有するインパクト化合物と呼ばれる香り成分があるのですが、多くは香りを生じる前の状態、つまり前駆物質として果皮に含まれています。香りの前駆物質は香りを発する状態に変化するための化学反応が必要になるため、ワインによっては期待される香りが生じていないことも起こりえます。

　また醸造によって香り成分が変化、分解しやすい工程があるためその場合香りが減じることがあります。変化が加わりやすい状態としては高い温度帯での発酵、酸化が生じやすい環境、樽との長期接触、瓶詰後の長期熟成などの時間経過によっても香りが減じます。

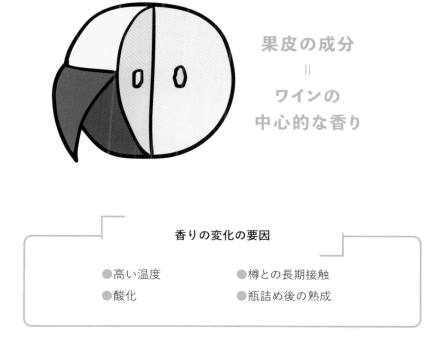

果皮の成分
＝
ワインの
中心的な香り

香りの変化の要因

●高い温度　　　　　●樽との長期接触

●酸化　　　　　　　●瓶詰め後の熟成

　つまりワインの香りとは、同じ品種、同じ産地のワインであったとしても10段階で10の香りがするものもあれば3しか香らないワインもあります。それは先に述べたワインの状態によって結果的に香る、香らないといった状態になっていると考えるべきです。

　ブラインドを行う場合は、**香りの強弱も含めその理由を考える必要**があります。香りが強ければワインの香り評価は比較的容易ですが、香りの乏しいワインは難しくなります。ただそれは上記に述べたようにさまざまな理由によると理解するとよいと思います。

　例えばリンゴの香りと表現するときに、明快にリンゴの香りが発せられるときと、果物の香りとして感じにくくほかに選択肢がないことからリンゴを選択することがあります。同じ選択であってもその香りの強弱がまったく異なることがあるのです。つまり香りが得られにくいから選択できないと考えることはなく、香りが得られにくい状態にあるワインと考えて、**本来あるべき香りを想像して選択するという状況判断が必要**ということです。

　本来香るべきブドウ本来の香りが感じられない場合は、「閉じている」または「控えめな」状態と評価します。一方、ワインが開いているため果実の香りが感じられる場合は「フレッシュな」、本来のブドウ品種からの香りが控えめである場合は「チャーミングな」状態と評価できます。先に述べた何らかインパクト化合物による特徴的な香りのあるワインであれば「香りの強い、華やかな」ワインの香りであると評価できます。

　樽熟成の工程を経るワインの場合は、時間経過と共に香りが凝縮していくこと、樽の香りが付与されますので「凝縮感、深み、複雑さ」をワインに与えます。またアルコール度数が高いワインの場合は揮発するアルコールの香りが発せられます。その場合はワインの香りに「力強さ」を与えています。

白ワインの香り

第1アロマ　ブドウに由来する香り			
果実の香り	**花の香り**	**植物の実や葉の香り**	**果皮から生じる香り**
柑橘類 青リンゴ、リンゴ 洋梨、カリン 白桃、アプリコット パイナップル マスカット パッションフルーツ マンゴー ライチ	スイカズラ アカシア 白バラ キンモクセイ 菩提樹 花の蜜 蜂蜜 蜜蝋	ミント アニス ヴェルヴェーヌ 草のような タイム コリアンダー	白胡椒 ペトロール （ケロセン）
第2アロマ　発酵に由来する香り			
エステルによる香り		**マロラクティック発酵による香り**	
バナナ、リンゴ		乳製品、フレッシュ・アーモンド	
第3アロマ　熟成に由来する香り			
酵母による香り	**樽による香り**	**熟成による香り**	
パン・ドゥ・ミ トースト ジンジャーブレッド	煙・燻製 ヴァニラ シナモン 丁子 香木	ヘーゼルナッツ	
その他のアロマ			
還元、予期しない香り	**ワインでは生じない香り**	**欠陥となる香り**	
石灰 火打石 貝殻 鉱物 海の香り 硫黄	麝香	フェノール	

第1アロマ

　白ワインの香りはブドウと酵母からの成分によってシンプルに構成されているため、**果物の香りが中心**になります。第1アロマは4つに分類されます。

1. 果実の香り

①柑橘類、青リンゴ、リンゴ、洋梨、カリン、白桃、アプリコット、
パイナップル、パッションフルーツ、マンゴー

　これらの香り表現は、ブドウ本来から発せられる**果実の熟度と糖度**を表す用語になります。ワインの果実の状態、程度を「未熟な果実の香り＋酸」↔「熟れた果実の香り＋糖／アルコール」といったベクトルの中で表しています。つまり冷涼感があり酸が高そうな香りであれば柑橘類、青リンゴなど下図の左側の用語を選択します。香りから糖度の高そうな熟れた果実の香りがしたならばパイナップル、マンゴーといった右側の用語を選択するというイメージです。ここで注意したいのはマンゴーの香りがするか否かで判断すると、実際にそのような香りのするワインは少ないため選択できないことになります。この場合マンゴーの香りを探すのではなく、その果実の程度をマンゴーという用語に置き換えていることを理解する必要があります。例えばカリフォルニアのシャルドネのように熟度が高く、糖分量の多いワインがあった場合にはマンゴーのような香りがしなくとも、そのワインの果実感を表すためにパイナップル、マンゴーと表現することでそのワインのキャラクターを明確化しているのです。白ワインでは**リンゴを中心点として、「未熟な果実の香り＋酸」↔「熟れた果実の香り＋糖／アルコール」の尺度で選択**していくことをおすすめします。

未熟な果実＋酸 ⬅

ここが中心

　さて、香り成分のページでお話しした通り、ワインの香りにはそのワインを特徴づける化合物があり、それをインパクト化合物と呼んでいます。このような香り成分が特徴的に存在するブドウ品種では、その香りの特徴香が強く感じられるため、その香りを選択する必要があります。パッションフルーツ、グレープフルーツの香りを強く感じさせる香り成分として、チオール系化合物があります。チオール系化合物はソーヴィニヨン・ブランに多く含まれる香り成分として有名ですが、ゲヴュルツトラミネール、リースリング、マスカット系品種にも含まれます。

　プラム、モモ、アプリコット、マンゴー、ネクタリンなどの香りはストーンフルーツと呼ばれています。日本語では核果と訳され、意味は「桃や梅のように、中心に硬い核（硬化した内果皮）がある果実」です。この香りを表現する香り成分として、ノナラクトン、デカラクトンがあります。ノナラクトンは、モモやアンズなどの果実、ジャスミン油などに含まれており、ココナッツのような香りをもちます。また希釈し濃度を低くすることによってフルーツ、フローラル、ムスクのような香りにも感じられます。ジャスミンなどのフローラル系やオリエンタル調の香料、ココナッツ・バター・キャラメル・ヴァニラ系フレーバーなどの香料として幅広く用いられています。デカラクトンはモモの香りを特徴づける成分として重要で、天然には果実や発酵食品、和牛の肉にも存在します。モモ、スモモ、アンズ、アプリコット、イチゴの香料として用いられています。これらの香り成分はヴィオニエ、セミヨンに多く含まれています。

熟れた果実＋糖／アルコール

香り成分:ノナラクトン、デカラクトン
関連がありそうなブドウ品種:ヴィオニエ、セミヨンなど

香り成分:チオール系化合物
関連がありそうなブドウ品種:ソーヴィニヨン・ブランなど

②ライチ、マスカット

　ライチ、マスカットの香りは特定のインパクト化合物から感じられる香りであるため、①とは異なる香りとして位置づける必要があります。ライチ、マスカットの香りはモノテルペンアルコール類（以下テルペン類）から発せられます。主には**リナロール、ゲラニオールと呼ばれる成分によって特徴的な香り**が生じています。リナロール、ゲラニオールは共にワイン特有な香りではなく、多くの花にも含まれる香り成分です。実際に工業的には花の香料としても用いられています。つまり**ライチ、マスカットの香りがするのであれば、白バラ、ラベンダーなどの香りとしての表現のほうが伝わりやすい**ことも考えられるのです。

　リナロールはスイカズラ、スズラン、ラベンダー、ベルガモット様の花のような芳香があるとされており、実際にローズウッド、バジル、タイム、ラベンダー、ネロリ、ベルガモットなどの植物に含まれています。ブドウ品種ではトロンテス、ミュスカのようなマスカット系品種、ヴィオニエに多く含まれています。

　ゲラニオールはゼラニウムから発見された香り成分で、バラの精油にも多く含まれています。マスカット系品種、ゲヴュルツトラミネールに特に多く含まれています。ゲヴュルツトラミネールの香りを白バラと表現することが多いですが、その香りはゲラニオールによる香りが中心です。

香り成分:リナロール、ゲラニオール
関連がありそうなブドウ品種:トロンテス、ミュスカなどマスカット系品種、ヴィオニエ、ゲヴュルツトラミネールなど

2. 花の香り

　花の香りを白ワインから感じることは大きな意味をもっています。**品種の特徴香である可能性**があるだけでなく、そのワインを**製造した生産者はその香りを生かしたワイン造りを行っている**と考えることができます。花から感じられる香りは揮発性が高く、酸化や温度、時間経過によって生じる化学反応によって損なわれやすいため、例えば樽の工程によって長期熟成を行えばこのような香りは減弱します。つまり花の香りが存在していることはワインに若々しさがあり、酸化が進んでいない状態を類推させます。いくつかの花の香りの用語を示していますが、ブラインドにおいてはこれらの**香りの違いを理解することはそれほど大きな意味はない**と考えています。花の香りはさまざまな香り成分によって複合的に構成されていること、さらに花自体の香りも画一ではなく、花が生育する産地、種類、状態によってさまざまに変化するからです。よってアカシアなのか白バラなのかを議論する必要はありませんが、花の香りの存在に気がつくことでそのワインの醸造工程、ワインの状態、品種の特徴を感じることができます。花の香りを感じとれるようになることはワインを理解する上で重要ですので、普段から花の香りを嗅ぐなどして香りの感度を高めましょう。

① スイカズラ、白バラ、キンモクセイ、菩提樹

　4つの香りに共通するのは先ほどのライチ、マスカットと同様にリナロール、ゲラニオールという成分です。リナロールはお花畑をイメージさせる**甘くて華やかな香り**であり、実際にベルガモットやラベンダーの精油に多く含まれているだけでなく、さまざまな花に含まれています。ゲラニオールは前述した通りゼラニウム、白バラの香りとして特徴があります。

　キンモクセイにはリナロールと共に、β-イオノンという成分が含まれています。この成分は赤ワインでも重要な香り成分であり、スミレ、ラズベリーの香りをもたらします。リースリング、ヴィオニエ、ゲヴュルツトラミネール、トロンテスといった品種にも含まれています。

香り成分:リナロール、ゲラニオール
関連がありそうなブドウ品種:リースリング、ヴィオニエ、
ゲヴュルツトラミネール、トロンテスなど

②アカシア、花の蜜、蜂蜜、蜜蝋

　ワインの香りで使われるアカシアはニセアカシア（ハリエンジュ）のことで、白い花を咲かせる蜜源植物です。**アカシア、そしてアカシアの蜜がミツバチなどによって集められると蜂蜜、そしてミツバチの巣を構成する蝋を精製したものが蜜蝋と3段階で整理する**と理解しやすいと思います。

　アカシアの香りは、ベンジルアルコールなどジャスミンにも含まれている香り、またリナロールなどのテルペン系の白い花の香りが主体です。リースリング、コルテーゼなどからも感じられます。蜂蜜はワイン中の香りから蜂蜜と感じられるような糖分による甘い香りが感じられるときに選択でき、蜜蝋はその香りが濃縮したような状態を表現したいときに選択します。蜜蝋は貴腐ワインや陰干しブドウによるワイン、酒精強化ワインなどブドウを濃縮したような工程があるワインの表現として適しています。

香り成分:ベンジルアルコール、リナロールなどのテルペン系
関連がありそうなブドウ品種:リースリング、コルテーゼなど

3. 植物の実や葉の香り（植物の花以外の部位）
ミント、アニス、ヴェルヴェーヌ、草のような、タイム、コリアンダー

　ミントはテルペン類の香りをもち、**清涼感が感じられるメントールの香り**です。ガムや化粧品などの香料として一般的に用いられています。

　アニスはセリ科の一年草で古くから香料や薬草として利用されています。種子のように見える果実をアニス果と呼び、香辛料として利用されてきました。香り成分はアニソールという成分で香り豊かな芳香族化合物のひとつです。香りは**甘草に似た甘い香りが特徴**で、アブサン、ペルノーなど薬草系のリキュールの特徴的な香りとして知られています。

　ヴェルヴェーヌはフランス語ですが、レモンバーベナとも呼ばれ、アルゼンチン、チリ、ペルー原産のハーブのことです。ヴェルヴェーヌの花はシトラール、ゲラニオールといったテルペン類による香りがします。シトラールはレモングラスやその同属種から採れる精油の主成分です。**レモンの香料**としても用いられる香り成分で、実際にレモン、オレンジに含まれています。

　草のような香りは、ブドウの若々しさを表現するために用いられることがありますが、メトキシピラジン類による香りとして整理するとよいと思います。メトキシピラジン類はカベルネ・ソーヴィニヨン、カベルネ・フラン、ソーヴィニヨン・ブランに特徴的に存在する香り成分で、**青草、ハーブなどの葉の香り**と表現され、実際にトマトの葉、ピーマン、キュウリなどに含まれています。

　タイムはシソ科イブキジャコウソウ属の植物の総称で、多くの種類が存在します。肉や魚の煮込み料理や香草焼き、ムニエルなどに広く利用されています。香り成分としてはチモール、カルバクロールというテルペン類の香りがあり**草葉の清涼感**を感じることができます。この香り成分はオレガノにも含まれていますので両者には共通の香りが感じられます。またメトキシピラジン類が多く含まれるソーヴィニヨン・ブランにこの選択肢を用いることができます。余談ですが、実際に南イタリアのブドウ産地を訪れたときにタイム、ミント、ローズマリーなど西洋ハーブが畑に植わっており、強いハーブの香りを感じました。そして大変興味深いことに、その畑の黒ブドウから造られた赤ワインからも同様のハーブの香りを感じることができたのです。これはブドウ果皮に香

り成分が付着することや、収穫時にこれらのハーブの葉を一緒に収穫することにより葉からの香りがワインに抽出されたと考えることができます。

　コリアンダーはセリ科の香草で、日本においては英語由来のコリアンダー、和名のコエンドロ、タイ語由来のパクチー、中国語由来のシャンツァイなどと呼ばれます。ワインの表現におけるコリアンダーは、種子を乾燥させたコリアンダーシードを表わしていることが多いと考えられます。その場合コリアンダーシードは、**柑橘類、オレンジ、アニスのような、あるいはレモンとセージを合わせたような香り**と表現されます。特徴的な香りをもたらす成分はモノテルペン類のリナロールです。

香り成分:テルペン類(シトラール、ゲラニオール、チモール、カルバクロール)、アニソール、メトキシピラジン類、モノテルペン類(リナロール)
関連がありそうなブドウ品種:ソーヴィニヨン・ブランなど

4. 果皮から生じる香り（果実、花、植物の実や葉以外の香り）

①白胡椒

　白胡椒はロタンドンという香り成分による香りです。このロタンドンはテルペン類に分類され果皮に含まれています。この香り成分は胡椒、オレガノ、タイムなどのスパイス類にも多く含まれていることがわかっています。黒ブドウのシラーに多く含まれており、白ブドウではグリューナー・ヴェルトリーナーに含まれています。果皮に含まれるロタンドンのような香り成分を抽出するためには、果皮と果汁が接触する工程を行う必要があります。白ワインではスキンコンタクトと呼ばれる工程で行います。グリューナー・ヴェルトリーナーから白胡椒の香りが感じられたなら、一定期間のスキンコンタクトが行われたと考えることができます。スキンコンタクトについては第6章醸造方法のページで説明します。

香り成分:ロタンドン
関連がありそうなブドウ品種:グリューナー・ヴェルトリーナーなど

②ペトロール（ケロセン）

　リースリングの特徴香として大変有名なペトロールですが、その香りをもたらす成分はトリメチルジヒドロナフタレン（以下 TDN）です。その香りはペトロール、つまり**ガソリン、灯油香**などと表現されています。ナフタレンは防虫剤成分として有名で、特徴的な香りを覚えている方が多いと思いますがナフタレンにいくつかの官能基が置き換わった化合物が TDN です。

　TDN は、カロテノイド（黄、橙、赤色などを示す天然色素）が分解されて生じるノルイソプレノイド系の香り成分です。カロテノイドは光合成によって増加しますが、直射日光があり高温なほど身を守るため生成を活発化させていきます。そして果実の成熟と共に減少、ノルイソプレノイドに分解されていきます。つまり TDN は**高温の気候条件、完熟ブドウで多く生成**されると考えられます。温暖かつ高地のブドウ畑で栽培されている南オーストラリア州のリースリングでペトロールの香りを強く感じられます。

　なお、ケロセンは英語でKerosene と書きますので、ケロシンと呼ばれることが多いです。石油の分留成分のひとつであり、灯油香を意味しています。

香り成分:トリメチルジヒドロナフタレン（TDN）
関連がありそうなブドウ品種:リースリングなど

➡ **官能基**…有機化合物の性質を決める原子の集まりのこと。同じ官能基をもつ有機化合物同士は、共通する性質をもつ。

第2アロマ

　アルコール発酵やマロラクティック発酵（MLF）などの醸造中に生じる香りを第2アロマと呼びます。

1. エステルによる香り
バナナ、リンゴ

　アルコール発酵によってバナナ、リンゴの香りが生じることがあります。この香りはエステル香と呼ばれ、酵母によるアルコール発酵中に副生産物として作られる高級アルコール類やエステル類によって生じます。酢酸イソアミル（バナナ）やカプロン酸エチル（リンゴ）などのエステル類は、低濃度でもフルーティーで華やかな香りを発することが知られており、これらの香気成分は清酒やビールにも含まれています。エステル香は醸造酒に共通に存在する成分ですが、清酒では「吟醸香」として評価されています。ワインでもボージョレ・ヌーヴォーなど新酒にこれらの華やかな香りを感じたことがあると思います。ただエステル香の多くは熟成などの時間経過によって揮発、分解して減少するので熟成によって香りとして感じにくくなります。よって**アルコール発酵からの時間経過の短さを表す指標**として捉えるとよいと思います。この香りは**ワインの若さ**を表しているのです。

香り成分: 高級アルコール類、エステル類（酢酸イソアミル、カプロン酸エチル）
関連がありそうなブドウ品種: ガメイなど新酒で用いられる品種
例:ボージョレ・ヌーヴォー

2. マロラクティック発酵による香り
乳製品、フレッシュ・アーモンド

　マロラクティック発酵（以下 MLF）はワイン中の**リンゴ酸を乳酸菌によっ
て乳酸などの成分に分解する反応**です。この反応は酸を和らげる効果があるだ
けでなく、乳酸菌によってジアセチル、アセトインと呼ばれる香り成分を生成
します。

　ジアセチルは乳酸やクエン酸の代謝によって生成し、低濃度であれば香りに
複雑さを与えると言われており、香りとしてはバターやチーズの香りを示しま
すが、高濃度になると加齢臭、汗臭のような欠陥臭に変化します。同様に乳酸
やクエン酸の代謝によって生成されるアセトインは、ジアセチルの前駆物質で
あり、酵母によってジアセチルに変化します。構造的にジアセチルとよく似て
おり、香りとしてはジアセチルと同様にヨーグルト、バターの香りと言われて
います。このようにバターやチーズ、ヨーグルトといった香りが感じられた場
合は乳製品という香り表現を用いるとよいでしょう。または MLF によってフ
レッシュ・アーモンドのような香りが生じると言われています。市販されてい
るアーモンドミルクで香りを試してみるとよいでしょう。

香り成分: ジアセチル、アセトイン

第3アロマ

　アルコール発酵後に行う樽やその他容器での熟成などの工程、またはボトリ
ング後の熟成によってワイン中に生じる香りを第3アロマと呼んでいます。本
書では酵母による香り、樽による香り、熟成による香りに分類しています。

1. 酵母による香り

　白ワインを酵母と長期接触させる醸造上の工程としてシュール・リー製法が有名ですが、シュール・リーと銘打たずとも滓との接触によりワインの味わいを強化する製法は多くの白ワインで用いられています。

　パン・ドゥ・ミは、フランス語で「Pain de mie ＝中身のパン」という意味で、パンの耳（外層：クラスト）ではなく中身（内層：クラム）の香りを表しています。そしてトーストは焼いたことによって感じられるパンの香りです。

　ジンジャーブレッドは香辛料を用いたケーキであり、フランスではパンデピスと呼ばれます。材料としてジンジャー（生姜）が必ず用いられるかというとそういうわけではなく、シナモン・丁子（クローブ）・ナツメグ・八角（アニス）などの香辛料を用いることが多いです。

　よってこれらの香りは**酵母によって小麦が発酵したときに生じるような香り**を表現しており、**酵母との長期接触によってもたらされる香り**、あるいは**酵母の滓が含まれているときなどの酵母本来の香り**と考えるとよいでしょう。この香りの強さによって表現が異なり、酵母の基本的な香りはパン・ドゥ・ミ、焼かれたニュアンスがある場合はトースト、スパイシーさなど複雑さがある場合はジンジャーブレッドと表現します。

　さて酵母の香り自体がわかりにくい方がいらっしゃるかもしれません。私がいちばんわかりやすいと感じているのはプロテインなどの香り、カロリー補助食品などで感じられる粉っぽい香り、あるいは豆乳などタンパク質の多い食品からもシュール・リーのような香りが感じられます。

2. 樽による香り

煙・薫製、ヴァニラ、シナモン、丁子、香木

　ワインの成分のページで説明した通り、**樽はワインにおいてブドウ以外に香りや味わいを与えることができる数少ない材料**です。木材自体から抽出される香りだけでなく、木材を熱することによって生じる香り成分も付与します。

　樽の香り成分であるオークラクトンはウイスキーラクトンと呼ばれています。樽材に元々含まれており、樽材を用いて熟成させる蒸留酒に特徴的な香りを与えています。また樽の内面を焦がすことでこの成分はさらに増えることがわかっています。オークラクトンの香りとしてはココナッツ、ヴァニラ、オーク由来の木の香りです。それ以外の香り成分としてはヴァニラ系の香りをもつヴァニリン、そして丁子（クローブ）やスパイス香など漢方系ハーブの香りのあるオイゲノール、スモーキーなリグニン由来物質であるグワイアコール類（4-エチルグアイアコールなど）、アーモンド、スモーキー、トースティな香りを与えるフルフラール類（ヒドロキシメチルフルフラールなど）があり多くの香りをワイン中にもたらします。

　香木は心地よい芳香をもつ木材のことであり、沈香と白檀が有名です。香木となる木材はジンチョウゲ科ジンコウ属の牙香樹等で、これらの木が細菌による感染や摂食生物からの脅威にさらされたときに2-(2-フェニルエチル)クロモン類という香り成分を生成するということがわかっています。ワイン中でこれらの香り成分が生じる可能性はありませんが、香り認識には個人差があるため香木の香りとして表現することが間違っているわけではありません。

香り成分: オークラクトン、ヴァニリン、オイゲノール、グワイアコール類(4-エチルグアイアコールなど)、フルフラール類(ヒドロキシメチルフルフラールなど)、2-(2-フェニルエチル)クロモン類

3.熟成による香り

ヘーゼルナッツ

　長期の熟成を目的として醸造される白ワインは実際にそれほど多くはありません が、ブルゴーニュのシャルドネに代表される素晴らしい熟成をする白ワインがあることから、印象深く記憶されている方は多いと思います。**白、赤ワイン問わず時間経過によって生じる**ソトロン、フルフラールという香り成分があります。ソトロンはメープルシロップに似た香りが特徴で、実際にハーブ・香辛料に多く含まれています。日本では70年代に日本酒のひね香（ひねか）の原因物質として発見された後に研究が進み、ワイン、特に貴腐ワインや長期熟成したシェリー、ポートワイン、ヴァン・ジョーヌなどに存在することがわかっています。ソトロンは量によって香りの性質が変化し、低濃度ではカレー、漢方薬、焦げ臭、高濃度になると糖蜜のように感じられます。

　フルフラールはくるみ、ヘーゼルナッツ、アーモンドのような香気をもちソトロンと似た香りを生み出します。アミノ酸とカルボニル化合物によるメイラード反応によって生じますが、空気に触れると急激に黄色く変色します。こちらも日本酒や焼酎、ワインのひね香の原因物質のひとつであり、長期熟成によって増加します。こういった時間経過によるワインの変化によってヘーゼルナッツやくるみ、アーモンドのような香りが感じられるようになります。

香り成分:ソトロン、フルフラール

その他のアロマ

第1、第2、第3アロマに含まれない香りです。

1.還元、予期しない香り

石灰、火打石、貝殻、鉱物、海の香り、硫黄

　第6章白ワインの醸造方法のページで詳しく述べますが、白ワインは**酸素に触れさせないように造ることが多いことから、結果として還元臭と呼ばれる香りが生じる**ことがあります。還元臭はメルカプタン系化合物によって生じる香りであり、好意的な香りから不快な香りまで幅広く表現されています。例えば硫黄、ゆで卵、タマネギ、ゆでたキャベツ、たくあん、海苔、ゆでたアスパラガスのような人によっては不快に感じられる香り表現がありますし、シャブリ地方のシャルドネで用いられる石灰や火打石、貝殻、鉱物など好意的な意味合いで表現される香りもあります。

　こういった香りが生じるにはいくつか理由があります。ひとつ目は**酵母の栄養（窒素）不足**です。酵母はアルコール発酵中に必要な窒素が欠乏すると硫化水素を生成し、この硫化水素によってメルカプタンが生成されることにより還元臭を生じます。2つ目は熟成中の**酵母の滓の存在**です。酵母の滓はワイン中の酸素を吸収することにより、ワイン中の酸素量が少なくなり還元状態になります。このことによってワイン中に含まれる硫化性化合物（硫化水素など）によってメルカプタンが生じます。硫化水素などは臭いの閾値が低いので香りは

香り成分：メルカプタン系化合物

感じにくいのですが、メルカプタンは閾値が低く強い香りを生じさせます。滓引きを行わない、もしくは滓が残った状態のワインでは強い硫黄の香り、磯のような海の香りなどの還元臭がある場合があります。これは滓と共存していることがひとつの理由と考えられます。

またスクリューキャップでは、天然コルクと比較して瓶詰後の酸素供給が制限されることから還元状態になりやすいと言われています。ただ現在は酸素供給量をコントロールできるスクリューキャップが使用可能であり、生産者によって調節が可能になっていることから還元臭のあるワインは少なくなっていると私は感じています。

2. ワインでは生じない香り

麝香

麝香は香水では魅力的な香りのひとつですが、**ワインで生じることのない香り用語**です。麝香はムスク、マスクなどと称され、香水の原料として用いられています。ヒマラヤの南から中国奥地、北はシベリアのバイカル湖あたりに分布する数種のジャコウジカ（Moschus 属）のオスの臍と生殖器の間にある香嚢（Musk Pods）に溜まる麝香腺分泌物で、入手が困難であるため大変貴重な香り成分でしたが、19世紀にその成分であるムスコン（muscone）が特定され、現在では化学合成が可能になったことから一般的な香水にも用いられるようになりました。

ワインにはこのような香りが生じえないことは説明した通りですが、香りは個人差があるため麝香の香りをワインから見出すことはありえないことではありません。

3. 欠陥となる香り

フェノール

　白ワインの香り表現の中で**欠陥臭を表現**しているのはフェノールです。フェノールとは、ベンゼン環などに結合している水素原子がヒドロキシ基で置き換えられた化合物の総称です。ワイン中には、アントシアニン、フラボノール、タンニンなど（ポリ）フェノールが沢山あります。この**フェノールの成熟はワインの味わいや色合い、品質に最も影響を与えている物質**と言えるでしょう。

　このフェノールに起因する香りはフランス語ではフェノレと呼ばれています。白ワインのフェノレ生成の原因はワイン醸造に用いられるワイン酵母であるサッカロミセス・セレヴィシエ（Saccharomyces cerevisiae）であり、この酵母がもつ酵素によってこのような香りを生じさせます。香りの種類としてはゴム臭、薬品、プラスチック、カーネーションの花、消毒薬臭、水彩絵の具、絆創膏、線香、段ボール、ホコリ、樹脂臭、セルロイド臭などと表現されています。現在では醸造管理、信頼性の高い酵母の使用、低 pH の維持などの対策を講じることによって、このようなフェノールの香りを生じないように造られていますので、この香り用語を使用することは極めて少ないでしょう。

赤ワインの香り

第1アロマ　ブドウに由来する香り			
果実の香り	**花の香り**	**植物の実や葉の香り**	**果皮から生じる香り**
イチゴ ラズベリー ブルーベリー カシス ブラックベリー ブラックチェリー 干しプラム 乾燥イチジク	バラ スミレ 牡丹 ゼラニウム	ピーマン メントール シダ ローリエ 杉、針葉樹 ドライハーブ ユーカリ トマト 黒オリーブ	黒胡椒

第2アロマ　発酵に由来する香り
エステルによる香り
バナナ、リンゴ、イチゴ、キャンディー

第3アロマ　熟成に由来する香り	
樽による香り	**熟成による香り**
タバコ、丁子、シナモン、ナツメグ、甘草 ヴァニラ、ロースト、生肉、グリエ 煙・燻製、樹脂、コーヒー、チョコレート	紅茶、キノコ、スーボワ、トリュフ、土 乾いた肉、なめし皮、動物的なニュアンス ランシオ

その他のアロマ
還元、予期しない香り
ヨード 鉄

第1アロマ

　赤ワインは白ワインに比べてさまざまな成分で構成されているため複雑であり、時間経過に伴う香りが感じられます。第1アロマは4つに分類されます。

1. 果物の香り

①イチゴ、ラズベリー、ブルーベリー、カシス、ブラックベリー、ブラックチェリー

　これらの香り表現は、白ワインと同様にブドウ本来から発せられる**果実の状態や程度を表す**用語になります。ワインの果実の程度を「**若々しい果実の香り＋酸**」↔「**熟れた果実の香り＋糖／アルコール**」というベクトル上で表しています。つまり冷涼感があり酸が高そうな香りであればイチゴ、ラズベリーを選択します。香りから糖度の高そうな熟れた果実の香り、あるいは揮発するアルコールの香りを感じたならブラックチェリー、ブラックベリーといった用語を用いるというイメージです。

　注意したいのは、ブラックチェリーの香りがするか否かで判断するわけではないということです。果実の程度をブラックチェリーと置き換えていることを理解する必要があります。例えばカリフォルニアのカベルネ・ソーヴィニヨンのように熟度が高く、糖分量またはアルコール度数の高いワインの場合にはブラックチェリーのような香りがしなくとも、そのワインの果実感を表すためにブラックチェリー、ブラックベリーと表現することでそのワインのキャラクターを明確化することができます。

　黒ブドウにもインパクト化合物という特定の果実の香りを強化する香り成分

若々しい果実の香り＋酸 ←

香り成分: フラネオール
関連がありそうなブドウ品種: マスカット・ベーリーAなど

香り成分: ラズベリーケトン、β-イオノン、β-ダマセイン
関連がありそうなブドウ品種: ピノ・ノワール、ガメイ、バルベーラ、ツヴァイゲルト、カベルネ・フランなど

が存在することがあります。フラネオールはイチゴの香りがする成分ですが、実際にイチゴにも含まれており、食品用香料や香水原料としても用いられています。イチゴジャムのような甘い香りがすることが特徴で、フラネオールはマスカット・ベーリーAに多く含まれており、ワインからも顕著に感じられます。

またラズベリーケトンは芳香族化合物の香気成分であり、この成分はヨーロッパキイチゴに含まれている香り成分で、ラズベリーの香り原料として用いられており、ピノ・ノワール、ガメイ、バルベーラなどに含まれています。

β-イオノンはノルイソプレノイド系香気成分で、スミレの花、ラズベリーの香りのする成分として知られており、ミカン科の植物の成分です。25〜50％の人がこの香りを感じることができないと報告されています。またフランス各地の赤ワインの成分分析によると、ピノ・ノワールに特異的に多く含まれており、その量は人間が感じることができる閾値を大きく超えるものでした。この成分はメルロ、カベルネ・ソーヴィニヨンにも含まれていますので、ピノ・ノワールだけに存在する成分ではありません。ピノ・ノワール以外ではツヴァイゲルトやバルベーラに多く含まれていることが報告されています。

β-ダマセノンもβ-イオノンと同様にノルイソプレノイド系の香気成分であり、バラ、コーヒー、カシス、ラズベリー、メントールの香りが特徴ですが、濃度によってはリンゴのコンポート（シロップ煮）、マルメロ（セイヨウカリン）、トロピカルフルーツの香りとも捉えられます。多くの品種に存在する香り成分で、私はガメイ、ピノ・ノワール、カベルネ・フラン、ツヴァイゲルトなどにβ-ダマセノン様の共通した香りを感じることが多いと思っています。

熟れた果実の香り＋糖／アルコール

②干しプラム、乾燥イチジク

　干しプラム、乾燥イチジクは果実の水分量が減少し、果皮が乾いた状態を表現しています。プラムは日本語でスモモであり、干しプラムはプルーンと呼ばれることがあります。香りをもたらす成分は水分に溶解して存在しており、熟成や乾燥などによってその水分が消失するにつれて香り自体が減少します。これはドライフラワーを想像するとわかりやすく、どれほど香り豊かな花であっても、ドライフラワーとして乾燥させていくとその香りは失われていきます。ワインの成分でお話しした通り、ワインの大半は水分ですが、そもそものブドウが乾燥した状態にある場合や、樽で長期熟成させることによって乾いた果実の印象が強まります。これは長期の法定熟成期間が定められているワイン、例えばリオハのテンプラニーリョやバローロのネッビオーロなどに生じやすい香りです。**強い果実感はありつつもワイン中から時間経過が感じられ、若々しい状態にない**ことを表現する場合に用いるとよいでしょう。

> **関連がありそうなブドウ品種:**テンプラニーリョ、ネッビオーロ、アリアニコなど

2.花の香り

　白ワインだけでなく、赤ワインにおいても花の香りが存在することは大きな意味をもちます。それは通常の赤ワインの醸造工程では白ワインに比べて完成するまでに長い時間を要すること、酸化的な醸造工程を経ることが多く、花のように感じられる香り成分は消失しやすいためです。そしてこのような香りは特定のブドウ品種を表す魅力的な香りであることが多く、花の香りが感じられるということは、その香りを大切に扱ってワインを製造した生産者の意図を感じることができます。

バラ、スミレ、牡丹、ゼラニウム

赤ワインではバラの香りを捉えることが比較的多くあります。このような香りを感じさせる香り成分として主なものはβ-ダマセノンがあり、ピノ・ノワールに特徴的な香りをもたらしています。スミレの香りとしてはβ-イオノンが特徴的な香りをもたらしています。

牡丹の香り成分としてはリナロール、シトロネロールといった香り成分に加えて、バラの香り成分でもあるフェネチルペオノールが牡丹らしい爽やかで甘い香りを特徴づけています。

ゼラニウムも同様でシトロネロール、ゲラニオール、リナロールといった香り成分が含まれており、カーネーションにも似た特徴的な甘く清涼感のあるフローラルな香りを感じさせます。

このように花の香り成分を見てみると共通の香り成分が含まれていることがわかると思います。白ワインのページでも説明しましたが、これらの香りを**明確に嗅ぎ分ける必要はなく**、花のような香りを感じた場合は、バラ、牡丹、ゼラニウム、スミレなどどの香りを用いても間違えではないと思います。ただし私の経験的には一般的な花の香りである**バラ、スミレを赤ワインの表現に用いる**ことによって香りをわかりやすく伝達できると考えています。花の香りは非常に特徴的ですので、感じられたら場合は表現に用いるようにしましょう。

香り成分: β-ダマセノン、β-イオノン、リナロール、シトロネロール、フェネチルペオノール、ゲラニオール
関連がありそうなブドウ品種: ピノ・ノワール、ガメイ、カベルネ・フランなど

3. 植物の実や葉の香り

ピーマン、メントール、シダ、ローリエ、杉、針葉樹、ドライハーブ、
ユーカリ、トマト、黒オリーブ

　赤ワインではブドウの果実だけでなく、**軸、梗と呼ばれる部位から青さを感じさせる成分**が少なからず抽出されます。その中で特徴を与える香り成分としてメトキシピラジン類があり、ピーマン、メントール、シダ、ローリエ、ドライハーブなどの香りとして感じられます。実際にこの成分はピーマンやキュウリなどの野菜にも含まれています。この香りを好む・好まざるは文化的な背景によって異なると言われており、アメリカでは好まれないそうですが、日本では特に問題視される風潮はないように思います。この成分による香りが**強すぎると青臭く未熟な状態**に感じさせますが、**爽やかさやスパイシーさを演出する心地よい香り**として捉える傾向もあるようです。ではメトキシピラジン類はどこに含まれているのでしょうか。カベルネ・ソーヴィニヨンを例に説明すると、果梗（ブドウの房の軸の部分）に53％存在しており、残りは果実に存在しますが、果実に存在するうちの70％は果皮の内側、30％は種子に存在します。果皮の内側のメトキシピラジン類はブドウの成熟と共に減少しますので、収穫後にこの香りをワインにどこまで残すかは生産者によってある程度コントロールは可能であり、除梗の有無、醸し期間の長さによって変化させることができます。

　ユーカリの香りはシネオールという香り成分がもたらします。ユーカリ属はオーストラリア、中国、インド、ブラジルを含む世界中の多くの国に拡大しており、南極大陸を除くすべての大陸にはユーカリの木が生息しています。世界中で850種以上のユーカリが栽培されており、さまざまな気候で繁栄することができます。ブドウ畑のそばで自生しているワイン産地としては、オーストラリア、チリ、ポルトガルなどがあります。精油成分はユーカリプトール（Eucalyptol）と呼ばれることもあります。**フレッシュでクールな香り**が特徴的であり、メントールや樟脳とも表現されています。シネオールはローリエ、ヨモギ、バジリコ、ニガヨモギ、中国ヨモギ、ローズマリー、セージなどの葉からも見出されます。シネオールの香りについてはAWRI（オーストラリアワイン研究所）から報告されており、ワイン畑のそばに自生するユーカリの木から風などによって飛来するユーカリの小枝、樹皮、葉がブドウの実にシネオール

の香り成分を付着させます。それらのブドウを用いて赤ワインを造ることによってワイン中にこれらの成分が抽出されます。畑とユーカリの木との位置が近いほうがワイン中のシネオールの成分量は多くなります。また同様にボルドーのポイヤックに自生する中国ヨモギによってもワイン中にシトラールがもたらされたという報告があります。

　杉や針葉樹の香りは樽からもたらされ、**木の香り**を意味しています。木にはα-ピネンという香り成分があり、森を感じさせます。針葉樹に杉、松、檜などさまざまな樹木が含まれますが、檜にはヒノキチオールと呼ばれる檜風呂で感じられる香り成分があります。そもそも杉も針葉樹に含まれますので香りによる使い分けはできません。よって針葉樹は檜の香りをイメージしているのではないかと私は考えています。

　トマトの香り成分はヘキサナールと呼ばれ、**油を含んだ草の香り、青臭い大豆**などと表現される香りです。オリーブの青い香りも同様の成分であり、この2つの表現は似ているのかもしれません。トマトは特徴的な酸っぱい香りがあり、オリーブは油を含んだねっとりした香り、少し青さを感じさせる香りがあります。トマト、黒オリーブはサンジョヴェーゼなどイタリア系品種に感じられることが多い香りです。

香り成分:メトキシピラジン類
関連がありそうなブドウ品種:カベルネ・ソーヴィニヨン、カルメネール、メルロ、カベルネ・フランなど

香り成分:ヘキサナール
関連がありそうなブドウ品種:サンジョヴェーゼ、アリアニコなど

4. 果皮から生じる香り

黒胡椒

　ブドウには**胡椒の香り成分**であるロタンドンという香り成分が存在すること
を白ワインの白胡椒のページで説明しました。このロタンドンはリナロールな
どと同じくテルペン類に分類されブドウ果皮中に含まれています。この物質は
実際に胡椒、オレガノ、タイムなどのスパイス類にも多く含まれており、黒ブ
ドウではシラーに特徴的に存在することがわかっています。

　またロタンドンの香りの閾値は低いため微量でも感じとれることがわかって
いますが、香りの感受性は個人差が大きく、約20％の人は閾値の250倍の濃度
のロタンドンでも感じられなかったという報告があります。冷涼な地域と冷涼
な季節に栽培されたブドウに多く含まれ、ヴェレゾンから収穫までの冷涼な栽
培条件で増加し、日照量が多いと減少します。

香り成分：ロタンドン
関連がありそうなブドウ品種：シラーなど

第2アロマ

　発酵に由来する香りです。新酒の赤ワインで感じられる香りです。

エステルによる香り
バナナ、リンゴ、イチゴ、キャンディー

　赤ワインで第2アロマに類する香りが最も顕著に感じられるのは**ボージョレ・ヌーヴォーなど新酒のワイン**です。ボージョレ・ヌーヴォーではマセラシオン・カルボニック製法が用いられますが、通常の赤ワイン製造で用いられる発酵温度よりもさらに低温で発酵が行われることが特徴です。このことによって白ワインに感じられることが多い低温発酵で生じるエステル系香気成分が生じます。香りとしてはバナナ、リンゴ、イチゴ、キャンディーといった香りが生じます。このような香りは時間経過によって減少、消失していきます。

香り成分:エステル系化合物
関連がありそうなブドウ品種:ガメイなど新酒で用いられる品種
例:ボージョレ・ヌーヴォー

第3アロマ

　熟成に由来する香りです。樽による香りと熟成による香りの2つに大別できます。

1. 樽による香り

タバコ、丁子、シナモン、ナツメグ、甘草、ヴァニラ、ロースト、生肉、グリエ、煙・薫製、樹脂、コーヒー、チョコレート

　樽はワインにおいて**ブドウ以外に香り、味わいを付与できる数少ない存在**であると考えることができます。特に樽は木材自体から抽出される香り成分だけでなく、木材を熱することによって生じる香り成分も付与されます。

　オークラクトンという成分はウイスキーラクトンと呼ばれることがあります。樽材に含まれており、樽材を用いて熟成させる蒸留酒に特徴的な香りを与えています。また樽の内面を焦がすことでさらに増えることもわかっています。香りの種類としてはココナッツ、ヴァニラ、樹脂などオーク由来の香りが生じます。また別のラクトン系の香り成分は牛の脂にも存在しており、霜降りの脂から感じられるようなミルキーな香りをもたらします。このような香りを生肉として表現することができます。

　それ以外の樽からの香り成分として、ヴァニリンはヴァニラの香り、そしてオイゲノールは丁子（クローブ）、シナモン、ナツメグ、甘草などスパイスの香り、またリグニン由来物質であるグワイアコール類（4-エチルグアイアコールなど）はタバコ、煙・燻製などスモーキーな香り、さらにフルフラール類（ヒドロキシメチルフルフラールなど）はアーモンド、ロースト、チョコレート、コーヒー、グリエ（グリル／網焼き）などトースティな香りを与えます。

　また樽に用いる木材の種類によってその香りが変わることがわかっています。樽の種類としてはフランス産、アメリカ産が最もよく用いられています。フランス産はセシル・オーク（Quercus petraea）、ペドンキュラータ・オーク（Quercus robur）などが用いられており、代表的な産地は、フランス中央部に広がるトロンセ、アリエ、リムーザン、ヌヴェールです。アメリカ産はホワイト・オーク（Quercus Alba）がケンタッキー、ミズーリ、カンザス、オクラホマ、アーカンソー、テキサスの各州で栽培されています。

　フランス産、アメリカ産の樽を用いて6か月間樽熟成を行った比較では、ワイン中のオークラクトン量はアメリカ産ではフランス産の4倍高い結果となりました。一方、ヴァニリンは、フランス産で特に高い結果となりました。このような研究結果からアメリカ産のほうがココナッツの香りが強く、フランス産のオークはヴァニラの香りが強い傾向にあると考えられます。

香り成分:オークラクトン、ヴァニリン、オイゲノール、グワイアコール類（4-エチルグアイアコールなど）、フルフラール類（ヒドロキシメチルフルフラールなど）

2. 熟成による香り

紅茶、キノコ、スーボワ、トリュフ、土、乾いた肉、なめし皮、
動物的なニュアンス、ランシオ

　長期熟成によるワインの香りの変化は紅茶、乾いた肉、なめし皮といった表現を用いています。これらは水分が蒸発して残った成分から感じられる香りであり、紅茶という表現からは乾燥した茶葉をイメージできます。カベルネ・ソーヴィニヨンなど果皮が厚く強いタンニンがある品種よりもピノ・ノワールなど**果皮が薄く、タンニンが強くない品種の長期熟成によって紅茶の香り**が感じられることが多い印象を私はもっています。

　乾いた肉という表現はベーコンに代表されるような燻製された肉の香りとして用いられています。これは樽の内面を焦がしたような香りと先に述べたようなラクトンなどの肉の香りが合わさって、乾いた肉のような香りに感じられると考えています。

　なめし皮は動物の肉を植物の果皮由来成分（タンニン）によってなめすことによって造られます。同様に**ブドウの果皮からのタンニンの成分と樽由来成分からなめし皮のような香り**が生じていると推測しています。イタリアやスペインで造られる長期熟成が行われるテンプラニーリョ、ネッビオーロ、アリアニコなどの赤ワインで顕著に感じられます。

　ランシオとはコニャックなど蒸留酒の長期熟成によって生じる香り表現であり、ワインでも同様にソトロン、フルフラールという**熟成によって生じる香り成分によってもたらされる香り**表現です。ソトロンはメープルシロップに似た香りが特徴でハーブや香辛料に多く含まれています。ソトロンは濃度によって香りの性質が変わることがわかっており、カレー、漢方薬、焦げ臭、糖蜜と変化します。フルフラールはくるみ、ヘーゼルナッツ、アーモンドに似た香気をもちソトロンと似た香りを生み出します。フルフラールは、アミノ酸とカルボニル化合物によるメイラード反応によって生じ、長期熟成によって生成量が増えていきます。時間経過によってワイン中にヘーゼルナッツ、アーモンドの香りが強くなります。

　熟成によって生じる赤ワインの香りとしてキノコ、トリュフがありますが、この香りは菌類が作り出す1-オクテン-3-オール、別名マツタケオールという香

り成分によって生じており、熟成された泡盛の特徴香としても知られています。

　スーボワ（Sous-bois）は「下草、下層植生」を意味するフランス語で、森の下草の香りを表現する際に用いられます。そして土という表現がありますが、共にゲオスミン（ジェオスミン）という香り成分によってもたらされると考えています。ゲオスミンは土壌中に多く生息するストレプトマイセス属の放線菌、やアオカビ（ペニシリウム属）、灰カビ病菌（ボトリティス・シネレア）などによって産生される香り成分であり、**雨土の香り、雨上がりの香り**などと呼ばれています。化学構造はいわゆるテルペン系の化合物のひとつです。土壌中に存在するゲオスミンは雨が降ることによってゲオスミンを含んだエアロゾルとして空気中に浮遊し、その香りを嗅覚がキャッチすることで、独特の雨上がりの香りを感じさせます。**細菌が産生する香り**ではあるのですが、**長期熟成されたボルドーの赤ワイン**で感じられることがあり、欠陥臭というよりは好ましい香りとして評価されているようです。

香り成分：オークラクトン、ソトロン、フルフラール、1-オクテン-3-オール、ゲオスミン（ジェオスミン）

その他のアロマ

第1、第2、第3アロマに含まれない香りです。

還元、予期しない香り

ヨード、鉄分

ヨード（Iodine）はウイスキーで主に用いられる香り表現であり、ヨウ素の香りですが、海藻類にはヨウ素が多く含まれていることから海藻の香りや磯の香り、海の香り、潮の香りなどをヨード香と呼んでいます。ウイスキーではピート香、消毒の薬液の香りと表現される場合があります。非常に特徴的かつまれな香りであり、海風などによる成分がワインの果皮に物理的に付着することによるものだと考えています。ワインに用いるブドウの果皮を洗浄することはほとんどありませんので、畑に存在するものがワイン中に存在することはありえることです。白ワインよりも赤ワインのほうが果皮との醸し期間が長いため、その成分からの影響は大きくなります。海のそばにブドウ産地があり、海風にのって**海藻由来のヨードの香りがブドウに付着してワイン中にもたらされる、つまり風土（テロワール）由来の香り**と考えています。

鉄分は非常にセンシティブな表現だと思っています。なぜならワイン中の鉄分は非常に微量であり、その香りを発することはないからです。ワイン中からこの香りが感じられた場合は、醸造用の鉄製機器からの原因を考える必要があり、鉄製機器から鉄分がワイン中に漏出したのであればワインを劣化させる原因となるため必ず避ける必要があります。一方でヨードと同様に**風土（テロワール）からもたらされる可能性**は否定できません。火山性土壌で鉄分を多く含有する土壌として有名な産地としては、フランスのブルゴーニュ地方のポマール、ボルドー地方のポムロール、オーストリアのアイゼンベルク、イタリアのシチリアのエトナ山、アメリカのオレゴン州レッド・ヒル・ダグラス・カウンティ、南アフリカのエルギン、オーストラリアのクナワラ、ニュージーランドのマタカナなど枚挙にいとまがありません。実際にブラインドでワインの香りから鉄分を感じることがあるので、テロワール由来の香りと考えています。

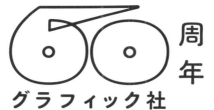

GRAPHICSHA　BOOK GUIDE

これからも、本ならではのよろこびを

60周年

グラフィック社

ひとクセもふたクセもある……
けれども素敵な本が揃っています。

株式会社グラフィック社
〒102-0073 東京都千代田区九段北 1-14-17　TEL 03-3263-4318　FAX 03-3263-5297

60周年記念 特設WEBサイト 公開中！

2023　AUTUMN

千彩万華 マツダケン作品集Ⅱ

マツダケン 著
A4判／194頁
定価2,970円(10%税込)

イラストレーター、マツダケンによる作品集第2弾。今回は初めての試みである「シリーズコレクション」「四季」「背景＋動物」「花」「輪廻転生」という5つのテーマから、本書のために描き下ろされた作品も含めて約150点超のイラストを掲載。

増補バンクシー ビジュアル・アーカイブ

ザビエル・タピエス 著
B6変形判／164頁
定価2,200円(10%税込)

2018年発行『バンクシー ビジュアル・アーカイブ』を増補改訂版。初期＆代表作から、コロナ関連作、そして最新のウクライナ関連作までを収録。作品写真、わかりやすい解説。描かれた場所を示した世界地図で活動の全貌がわかります。

水と手と目

豊井祐太 著
B5変形判／160頁
定価2,530円(10%税込)

詩情あふれる風景や事物を繊細なドット絵アニメーションで描き、近年のピクセルアートの潮流に大きな影響を与えてきた豊井祐太(1041uuu)の初作品集。これまでの年代別主要作品、制作における考えや方法論も収録。

ゴジラ大解剖図鑑

西川伸司 著
B5判／216頁
定価3,300円(10%税込)

1989年〜2004年まで、数多くのゴジラ映画の怪獣デザインを手がけた西川伸司氏(マンガ家／怪獣デザイナー)による、1954年の初代ゴジラから2016年のシン・ゴジラまでのすべてのゴジラと怪獣をイラストで解説した大図鑑。

3つの技法でしっかり描ける
花の水彩レッスン

中村愛 著
B5変形判／128頁
定価1,980円(10%税込)

「下描き」「混色」「にじみ」の3つの技法をマスターするだけで、しっかりした花の水彩画を描くことができます。色や形などの制作手順は、写真と図でビジュアル解説。初心者でもすぐに要点を把握できるよう工夫しています。

ユ・ヨンウ先生の
人体デッサン教室

ユ・ヨンウ 著
B5判／254頁
定価2,200円(10%税込)

人体を描くには、「図形化」「具体化」「理論適応」の3つのステップと反復練習あるのみ。イラストレーター、ユ・ヨンウ先生が人体を描くときのポイントを順序立ててわかりやすく解説してくれる人体デッサン教本です。

ウェザリーの動物
デッサン
ネコ科を描く

ジョー・ウェザリー 著
B5変形判／176頁
定価2,200円(10%税込)

ネコ科動物に特化したデッサン教本。ジェスチャーや動き、構造、解剖学の順に、立体と線で描くデッサンの基本やフォルム図分析、ネコ科50種以上の基礎図、デフォルメ図、解剖図を掲載。身近なネコで動物デッサンをマスター！

女の子
キャラデッサン・
パーツ図鑑

子守大好、もちうさぎ 監修
B5変形判／200頁
定価2,420円(10%税込)

講師歴35年のマンガ技法のプロで、プロマンガ家がセレクトした、女子キャラの主要なパーツ＆ポーズのイラスト実例を900点以上収録。お手本だけでなく、各パーツ＆ポーズの描き方も解説。初心者はもちろん、中級者、上級者にも役立ちます！

スキルアップ
色鉛筆

デニーズ・ジェイ・ハワード 著
B5変形判／128頁
定価1,760円(10%税込)

色鉛筆描画が上手くなりたい人のための究極の一冊。人、動物、テキスタイルから陶器、金属、自然事物まで、さまざまなテクスチャーの描き方を、手順を追って丁寧に解説するアーティスト必携の指南書です。

スキルアップ
鉛筆＆木炭

スティーブン・ピアース 著
B5変形判／128頁
定価1,760円(10%税込)

鉛筆、木炭を使ったデッサンの基本的なテクニックと、質感の描き分け方を紹介。101種類のテクスチャーを、主に4カットのコマ送りで見せ、鉛筆の角度から、光と影の描き分け、スミの濃淡で立体的に見せる方法など、ポイントを押さえて説明しています。

日本語を愉しむ
はじめての和モダン
カリグラフィー

原田祥子 著
B5判／112頁
定価1,760円(10%税込)

著者が考案した3タイプの和モダンカリグラフィーの書き方を紹介。「基本の線」や「和モダンカリグラフィー」の書き方のポイントをわかりやすく解説しています。メッセージカードや、ウェディングの席札など、真似したくなるすてきな活用例が満載です。

リタの塗り絵ブック
旅するヨーロッパ

リタ・バーマン 著
B5変形判／96頁
定価1,320円(10%税込)

旅が大好きな著者、リタ・バーマンが描く、ヨーロッパへの旅塗り絵。大聖堂が有名なケルン、太陽あふれるイタリア、地中海の向こうポルトガル。大都会パリやロンドン、はては北欧の深い森まで、壮大な旅をお届けします。

国鉄型ヘッドマーク
写真資料集

レイルウエイズ グラフィック 著
B5判／224頁
定価3,080円(10%税込)

列車名や愛称を図案化したトレインマーク。その中でも、造形物として製造され、機関車／電車／気動車などの列車先頭に掲示されたヘッドマークを収集した写真資料集。造形としての美しさのほか、バリエーション違いなども必見。

増補改訂版
新幹線全車種コンプリート
ビジュアルガイド

レイルウエイズ グラフィック 著
B5判／224頁
定価2,750円(10%税込)

新幹線の現役車両、引退車両だけでなく、試験車両、検測車両までを徹底網羅したビジュアルブックの最新増補改訂版。最新の西九州新幹線N700S『かもめ』や、最新型試験車『ALFA-X』、2027年開業予定のリニア中央新幹線の車両も掲載しています。

NEW ERA Style

NEWERA Style編集部 編著
B5判／144頁
定価2,640円(10%税込)

ファッションやストリートカルチャーで、急速に人気を伸ばしているNEW ERA。NEW ERAを基本から知れ、入手やメンテナンス、FAQまで含めた初心者から、バリバリのコレクターにも刺さる、知りたかった情報が満載の一冊です。

HOW TO KICKS
REPAIR
スニーカーリペアブック

CUSTOMIZE KICKS
MAGAZINE編集部 編著
B5変形判／144頁
定価2,420円(10%税込)

使用や経年劣化によって破損してしまったスニーカーを甦らせるためのテクニックがぎっしり詰まった一冊。ネットで話題のソールスワップも、失敗しないコツをしっかり入れながら詳しく解説します。

ゆかしなもんの
'80sガーリー
カルチャーガイド

ゆかしなもん 著
B5変形判／160頁
定価1,870円(10%税込)

80年代の女の子カルチャーをぎゅっと集めたビジュアルガイド。少女漫画、おもちゃ、アニメ、ファンシーグッズ、占い……など、当時を知る人には懐かしく、知らない人には新鮮に映る可愛さ満点のアイテムをたっぷり紹介します。

'80sガーリー
デザインコレクション

ゆかしなもん 著
B6判／240頁
定価1,760円(10%税込)

1970〜80年代の昭和ガーリーカルチャーを懐古＆発信する「昭和ガーリー文化研究所」所長・ゆかしなもんの、貴重なお宝を大公開！サンリオグッズはもちろん、「うちのタマ知りませんか？」「おはようスパンク！」など懐かしい顔がいっぱい！

それ行け!!
珍バイク mini

ハンス・ケンプ 著
B5変形判／200頁
定価1,650円(10%税込)

世界の朝ごはん、
昼ごはん、夜ごはん

ニキズキッチン 著
B5判／200頁
定価2,750円(10%税込)

世界各国の有名な料理は知っているものもありますが、普段の

口尾麻美 著
A5変形判／160頁
定価1,760円(10%税込)

飯麺湯
台湾小吃どんぶりレシピ

香りの印象

白ワイン

　白ワインの香りの総合評価を行います。第1アロマの果実、花の香りはワインを「若々しく」感じさせ、果実の成熟度の高さが感じられる場合は、「成熟度が高い」と表現します。第1アロマを感じるが、特徴的なアロマを感じない場合は「ニュートラル（偏らず公平・中立な状態）」と表現します。第2アロマもワインの若々しさが表現されているため「若々しい」と表現します。第3アロマを伴う場合は「発展的」「複雑性が増している」、木樽からの第3アロマがある場合は「木樽からのニュアンスがある」と表現します。特にヘーゼルナッツ、フレッシュ・アーモンドなどの第3アロマの香りがある場合は「熟成感が現れている」「酸化熟成の段階」「酸化した」という言葉を用いて時間経過を表現します。

　一方、還元、予期しない香りが強く感じられた場合は「嫌気的な」状態にある印象を表現します。

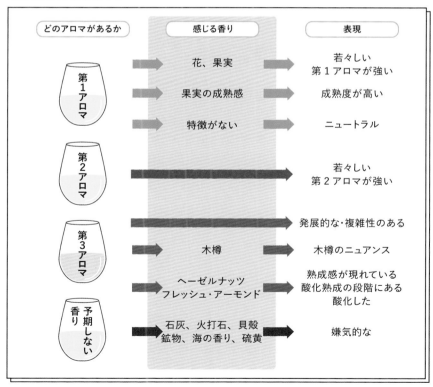

赤ワイン

　赤ワインの香りの総合評価をします。赤ワインも白ワインと同様に第1アロマの果実、花の香りはワインを「若々しく」感じさせ、第1アロマを感じるが、特徴的なアロマを感じない場合は「ニュートラル（偏らず公平・中立な状態）」と表現します。第2アロマが現れる場合もワインの若々しさが表現されているため「若々しい」と表現します。木樽による第3アロマを伴う場合は「木樽からのニュアンスがある」、第3アロマの中で木樽からの香り、さらに時間経過を感じさせる熟成の状態を表現する場合は、「熟成感が現れている」「酸化熟成の段階」「酸化した」という言葉を用いて表現します。一方、非常に少ないと思われますが、還元による香りによって嫌気的な状態に感じられた場合は「嫌気的な」印象を表現します。

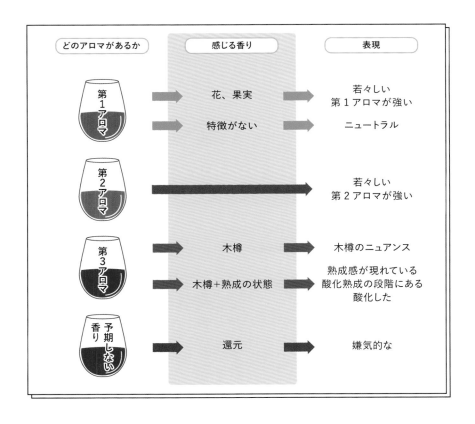

3. 味わい

　味わいとは、**糖分、酸、アルコール、タンニン、凝縮度など**を表します。味わいは人間の感覚のページでも述べましたが、香りの影響を強く受けるので香りと味わいを分けて捉えるよう意識してください。私も香りが自分の味覚に強く影響していることに気づいてからは、鼻をつまんでワインを飲んで五味（甘味、塩味、酸味、苦味、旨味）をひとつずつ捉える練習をしました。慣れてくれば鼻をつままずとも五味がわかってくるようになります。

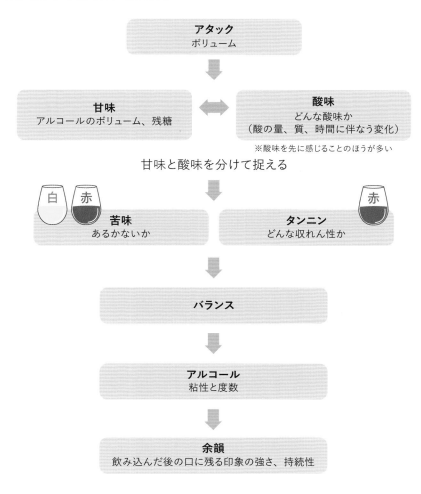

アタック
ボリューム

甘味
アルコールのボリューム、残糖

酸味
どんな酸味か
（酸の量、質、時間に伴なう変化）

※酸味を先に感じることのほうが多い

甘味と酸味を分けて捉える

苦味
あるかないか

タンニン
どんな収れん性か

バランス

アルコール
粘性と度数

余韻
飲み込んだ後の口に残る印象の強さ、持続性

アタック

　アタックは**味わいのボリューム**を評価します。味わいに強い影響をもたらす成分は、**白ワインであればアルコール、酸、糖分**です。**赤ワインであればタンニン、アルコール、苦味、酸、糖分**です。これらの味わいの総量が強く感じられる場合はアタックが強いと判断できます。対照的に水分の割合が多く感じられ、味わいが薄いワインであればアタックは弱いと判断します。単純にインパクトとして捉えてもよいですが、ワインの成分の観点から量的に評価するほうが客観的な評価に近づきます。

甘味（アルコール感のボリュームを含む）

　ワインはブドウの糖分をアルコール発酵させて、アルコールを生成します。ここで言うアルコールとはエタノールだけでなく甘味を有するグリセロールも含まれます。そしてワイン中に存在する糖分（残糖）の量から甘味を表現します。**酸が存在する場合は味わいの相互作用によって甘味を少なく感じる**ので注意してください。以下のように表現をします。

ドライ：アルコールの印象は強くなく（12.5％程度かそれ以下）甘味を感じず、酸が味わいの中心である

ソフト：糖分の印象がわずかに感じられ、フルーツのような味わいに感じられる

まろやか：酸と拮抗できるほどの糖分があり、味わいのバランスがとれている

豊かな：まろやかな状態に加えて、アルコールから感じられるふくよかな印象がある場合（13.5％以上）

残糖がある：酸とのバランス以上に糖分由来の甘味がはっきりと感じられる

酸味

　酸味の評価用語は酸の量、酸の質、時間経過による酸の質的変化を表現しています。白ワインと赤ワインで異なる用語を使います。

白ワイン

　酸についてはワインの成分のページで説明しましが、ワイン中には約5～9g/L（酒石酸換算）ほど含まれており、含有量が多いほど酸味が強く感じられます。ワイン中の有機酸にはさまざまな種類がありますが、特にインパクトが強い酸はリンゴ酸であり、鋭い酸味があります。リンゴ酸が多いということは若さ、未熟さのあるブドウを用いている可能性があります。酒石酸はワイン中の酸の大半を占めており、酒石酸も同様に鋭い酸として感じられます。この2つの酸は非常に鋭い（酸っぱい）ため、柑橘類などの酸をイメージするとよいと思います。柑橘類の代表のレモンにはクエン酸が多く含まれており、レモンのような鋭い酸がワインから感じられることはありませんが、鋭い酸とはどういったものかイメージできます。このような**鋭い酸がある場合は、香りの中からも柑橘類など酸が多く含まれる果物として感じられます。** リンゴ酸は全てのワインに存在するわけではないことは説明した通りですが、**リンゴ酸がマロラクティック発酵（MLF）によって乳酸に変わることによって酸の感じ方は大きく変化**します。また**熟成によって酸量は低下**しますので味わいは柔らかく変化します。そして**糖分が多く存在すると酸味は柔らかく**感じられます。

爽やかな：リンゴ酸／酒石酸の若々しさ

軽やかな：少なめの酸量

直線的：酸量が多く鋭く感じられる

堅固な：酸量が多く厚みのある印象

なめらかな：乳酸の柔らかい酸（マロラクティック発酵の可能性）

はつらつとした：酸の若々しさと適度な酸量

クリスプな：酸が心地よく適度な酸の量

赤ワイン

　赤ワインでは大半のワインでマロラクティック発酵（MLF）を行いますので、酸の味わいは**酒石酸と乳酸を中心**に構成されることになり、リンゴ酸の影響は少なくなります。よって白ワインに比べて赤ワインは酸が柔らかく感じられることが多いと思います。酸の量も 4 ～ 7g/L 程度（酒石酸換算）で、白ワインより量的に少ない傾向です。若いワインであれば酸は鋭いと考えることができますが、熟成によって酸が低下するため、原産地呼称法などの規定によって長期の熟成期間が必要なワインであればより酸は柔らかくなります。よって同じ品種であっても熟成規定が異なる産地であれば酸の味わいが変わる可能性があります（例：バローロとロエーロなど）。

> **爽やかな：**リンゴ酸／酒石酸の若々しさ
> **軽やかな：**少なめの酸量
> **直線的：**酸量が多く鋭く感じられる
> **堅固な：**酸量が多く厚みのある印象
> **なめらかな：**乳酸の柔らかい酸
> **生き生きとした：**酸の若々しさと適度な酸量
> **しなやかな：**酸が心地よく適度な酸の量

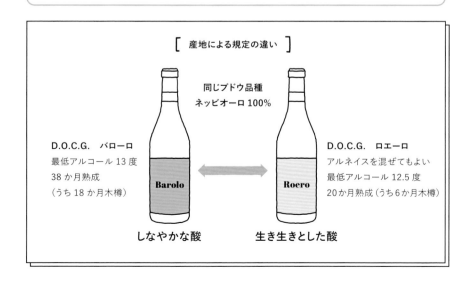

苦味／タンニン分

　苦味はポリフェノールからもたらされます。ポリフェノールは果皮に存在しますが、ブドウ品種、果皮の状態、果皮からの成分抽出の強度、醸し期間によって苦味の程度は変化します。

苦味　白ワイン

　白ワインでは通常苦味を感じることは少なく、その味わいはわずかです。白ワインではフリーラン・ジュース、あるいはそれに近い果汁を用いて嫌気的にアルコール発酵を行い、樽を用いずステンレスタンク熟成、あるいは瓶熟成を経て造られているワインが多いことから、**強い苦味をもたらすポリフェノールが抽出される可能性は少なく**なります。しかしスキンコンタクトなどの工程を経て**果皮からの成分の抽出量が増加することや、樽熟成を経て樽からの苦味成分が抽出される場合にはワイン中の苦味が増します。**白ワインは赤ワインに比べてシンプルな味わいであるため、苦味は特徴的な味わいとして感じられるでしょう。

　またジョージアを代表とするアンバーワインなど赤ワインのように白ブドウを醸す工程を経た場合、ワイン中に多くのポリフェノールを代表とする果皮成分が抽出されるため、赤ワインと同様の苦味、収れんするタンニンがもたらされることがあります。

　よって通常は控えめ、あるいは穏やかな状態と表現できますが、ソーヴィニヨン・ブラン、シュナン・ブランなど**品種によってはコク（深み）を与える苦味**が感じられます。一方、**シュール・リーや樽熟成を経ると旨味、苦味が増したワインでは、旨味をともなった**などと表現できます。またジョージアのアンバーワインであれば強い（突出した）苦味が感じられる場合があります。

タンニン分　赤ワイン

　赤ワインと名乗るためには果皮と共に醸しつつアルコール発酵を行う必要があります。結果的に白ワインとは比べ物にならないほどの果皮成分が抽出され、苦味、収れん性をもたらします。では収れん性とはなんでしょうか。これは口腔内を引き締めるように感じられる事象のことで、五感のページでは**味わいではなく触覚**であると説明しました。

　では赤ワインはなぜこのような収れん性をもたらすのでしょうか。これはタンニンの発見まで遡って説明します。古代エジプト時代、布が存在しない古代人の衣服は動物の皮でしたが、動物の皮は腐敗する、硬くなるなどの欠点がありました。これらの欠点を取り除くために、動物の脂、草や木の汁につけたり、煙でいぶしたり、いろいろと工夫していました。その方法の中で最も効果的だった方法は、草や木の汁を使うタンニンなめしと呼ばれる方法です。今日残されている最古の革製品である古代エジプト時代のものから裏づけされています。タンニンなめしは、草木の中に含まれているタンニンとコラーゲン（タンパク質）を結合させてなめす方法であり、タンニンとは植物に含まれているタンパク質と結合する成分のことなのです。

　では人間に感じさせる収れん性とはどのように起こるのでしょう。ヒトの口腔内にはムチンと呼ばれるタンパク質によってぬるぬるした層を作り、口腔内の表面を保護しています。しかしタンニンが口腔内に入ると唾液中のムチンを中心としたタンパク質と複合体を形成し、結果としてこのぬるぬるした層を取り除いてしまうため、口腔内の表面から滑らかさがなくなり、渇いて引き締まったように感じるのです。わかりやすい例としては、ワインテイスティングの際、吐器などの容器に赤ワインを吐き出したことを思い出してください。このとき吐器内に唾液と共に赤や紫の塊がないでしょうか。これは唾液中のムチンなどのタンパク質とタンニンが結合して沈殿したものなのです。つまり**収れんの強さを量るためには、歯茎を含む粘膜など口全体でこの反応を感じる**必要があるのです。

　収れん性は苦味と混同されるケースがありますが、**苦味は味、収れん性は触覚**なので分けて捉える必要があります。とは言っても混同しやすいと思います。その理由としては**収れん性も苦味もポリフェノール類に起因**するためです。ブドウ品種、果皮の状態、果皮からの成分抽出の強度、醸し期間などの条件によって抽出される量や種類が異なり、苦味はあるが収れんは少ない赤ワイン、苦味よりも収れんが強く感じられる赤ワインなどさまざまです。これはポリフェノールのページでも説明しましたが、**タンニンは大きく果皮からのタンニン、種子からのタンニン、樽からのタンニンと種類が異な**ります。果皮からのタンニンは味わいに苦味をもたらしますが、口腔内を収れんさせるほどの強さは感

第**6**章
知識を活かす
醸造方法

　ブラインドを行う際にぜひ実践して欲しいことは醸造方法を考えることです。多くの方は先ずブドウ品種、栽培地域を考えてしまっているように思います。

　ブラインドはワインを通して、ブドウ品種、栽培地域を特定するために時間を逆行していくような作業と言えるかもしれません。そうであるならば、ブドウ品種や栽培地域を考えるより前に、どんな方法で醸造を行ったのか先に考えていく必要があります。ブラインドで醸造方法を推定できるようになると、ブドウ品種や栽培地域の絞り込みが可能になります。正答率を向上させるための大きなヒントを得ることができるのです。

ワインの醸造方法

　ブラインドでは、醸造方法の知識が正答率の向上に重要であると考えています。なぜなら品種や産地によって用いられる醸造方法が異なるからです。ほぼ間違いなく行われる方法、間違いなく行われない方法を知ることで皆さんの回答の確実性は大きく向上します。

　皆さんが生産者だったらと想像してみてください。ブドウ品種の個性をどのようにワインにもたらしたいか、ブドウ畑のブドウをどのように醸造してワインにしたほうが良いのか、醸造はまさに生産者の腕の見せどころと言えるでしょう。ただオールドワールドの生産地域のように醸造方法が細かく規定されている場合が多くあり、規定が厳しければ生産者ごとの個性は小さくなりますが地域のワインの統一感は向上します。また規定が緩い、もしくは規定自体がないような地域であれば、同じ品種を用いたとしても栽培地域の違い以上に生産者ごとの個性が際立ったさまざまなワインが造られます。さらに造りたいスタイルによって用いられる醸造方法は変化します。例えばフローラルなシャルドネを造りたい、そのような場合樽熟成は行うべきでしょうか。フルボディのしっかりしたマスカット・ベーリーAを造りたい場合はどのような醸造方法にすべきでしょうか。目指すべきスタイルによって醸造方法は変化します。そしてワインの味わいから醸造方法が理解できるようになればブラインドの判断材料の大きな味方になるのです。ではここから白ワイン、赤ワインをいくつかのタイプに分けて考えていきます。

白ワインの醸造方法

　白ワインには以下の特性があります。まず大前提として純粋なブドウ果汁を用いています。そして果汁は酸素によって変化しやすいために醸造工程では酸素に触れないように造られます。また、時間経過による変化が早いので基本的には樽などの工程によって熟成が促されることは少ないです。フランスのブルゴーニュ地方をはじめとするシャルドネのイメージが強いために白ワインも樽を用いると思われがちですが、白ワインの大半は樽を用いない嫌気的な醸造方法が行われています。

　ではさまざまなブドウ品種がありますが、どうやって醸造方法を決めていくので

しょうか。香りのあるブドウを酸化的な工程、例えば樽熟成を行うとその香りは減弱するか消え失せるでしょう。そのために魅力的な香りのあるブドウ品種はその香りをワインに生き生きと残すことができる方法で醸造が行われます。その一方で特徴の少ない品種ではどうでしょうか。その場合は味わいや香りを補うために樽を用いて複雑さを付与することができるでしょう。滓と長期接触させることで味わいを複雑にすることもできます。このようにブドウ品種の個性を生かす造り方、足りない部分を補強する造り方があるのです。

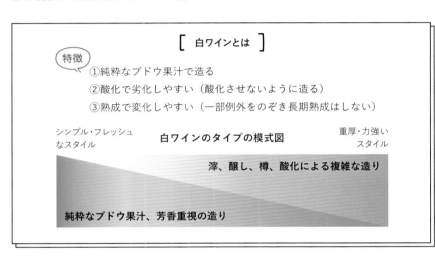

[白ワインとは]

特徴
①純粋なブドウ果汁で造る
②酸化で劣化しやすい（酸化させないように造る）
③熟成で変化しやすい（一部例外をのぞき長期熟成はしない）

シンプル・フレッシュ
なスタイル

重厚・力強い
スタイル

白ワインのタイプの模式図

滓、醸し、樽、酸化による複雑な造り

純粋なブドウ果汁、芳香重視の造り

そしてそのような醸造方法によって白ワインのタイプは大まかに以下の6つに分けることができます。1〜3は基本的な醸造方法になり、4〜6は地域に根差した伝統的な造り方であるため、醸造方法からブドウ品種や産地を類推することが可能になります。

1. 華やか／香り重視タイプ
2. フルーティー／味わい重視タイプ
3. ふくよか／樽熟成タイプ
4. シュール・リー／旨み重視タイプ
5. 醸し長め／オレンジワインタイプ
6. アーモンド感・酸化タイプ

　注意いただきたいのは、これらのタイプに完全に分類できるわけではないということです。1と2が重なるようなワインもあります。またワインは瓶内で熟成が進むことから、時間が経過しているワインをブラインドで出題すると、リリースした時点に想定されていたタイプのように感じられないことがあります。

　図は白ワインの醸造方法をシンプルに模式化したものです。実際にはもっと複雑な工程が行われていますが、ブラインドではこの流れを理解しておけば十分です。では1から順に醸造方法を説明します。

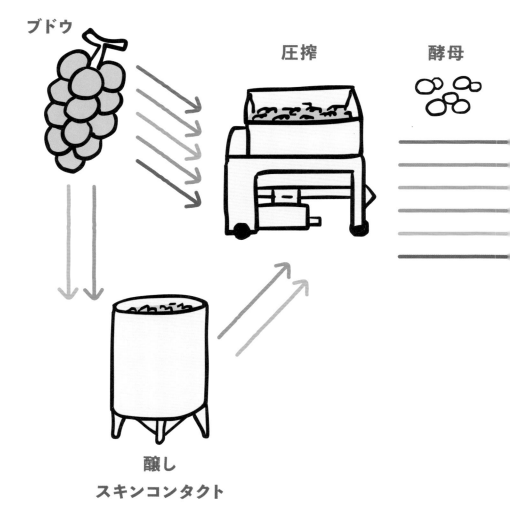

ブドウ　圧搾　酵母

醸し
スキンコンタクト

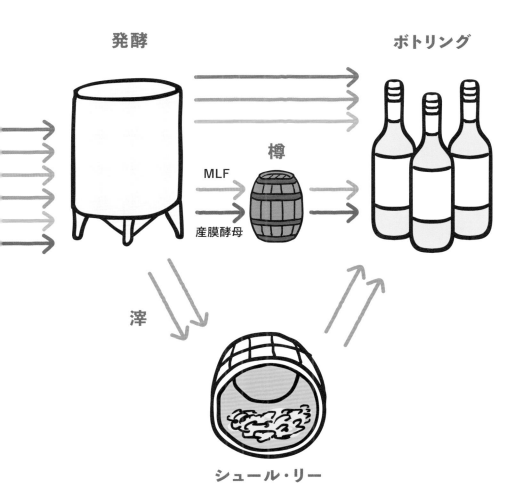

発酵　　　　　　　　　　　ボトリング

樽

MLF

産膜酵母

滓

シュール・リー

1. 華やか／香り重視タイプ

　Ⅰの醸造方法は香り成分が豊かで、その香りが保持されるワインを造る場合に用いられます。アロマティックと呼ばれる品種で用いられることが多い方法です。最新のプレス機は窒素充填しつつほぼ無酸素のままプレスを行い、ポンプによって発酵槽に移すことが可能です。

　このタイプの造り方は熟成が行われない、もしくは最小限であるために醸造に起因するバナナやリンゴなどのエステル系化合物による第2アロマが存在する可能性があり、より華やかに感じることがあります。そのような場合は品種独自の香りを見極める必要があります。またまれに還元的な状態の場合があり、還元臭に代表される予期しない香りが生じることがあります。

醸造上の特徴（ニュージーランド ソーヴィニヨン・ブランの一例）

●香り成分や香り成分の前駆体が最大化されるタイミングで収穫し、酸素との接触を避けつつ除梗、破砕、圧搾し、低温（12〜18度）でアルコール発酵
●アルコール発酵後、酸化させないように速やかに濾過、清澄行程を行い、瓶詰めをし出荷

ブドウ品種の一例

●ソーヴィニヨン・ブラン
●リースリング
●トロンテス、ミュスカなどマスカット系品種

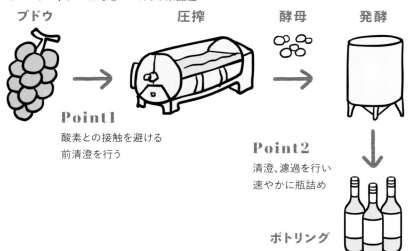

ブドウ　　　　　　圧搾　　　　　酵母　　　発酵

Point1

酸素との接触を避ける
前清澄を行う

Point2

清澄、濾過を行い
速やかに瓶詰め

ボトリング

2. フルーティー／味わい重視タイプ

2 はスキンコンタクトという工程を行うことにより、果肉と接している果皮の細胞層に豊富に含まれる香りの前駆物質の抽出を行います。プレ・マセレーションと呼ばれることがあり、収穫後のブドウの果皮と果汁を接触させておくことによって行われます。抽出時間は数時間から 24 時間などさまざまです。果汁の変質を抑えるために 8 度以下など低温下に保つ必要があります。アルコール発酵が行われ、発酵終了後に発酵槽内で滓と接触させます。この工程は 1 か月から 6 か月などさまざまで、行わないワインもあります。

醸造上の特徴（スペイン リアス・バイシャス アルバリーニョの一例）
●低温でスキンコンタクト(2 〜 24 時間)を実施し、徐梗、破砕、圧搾し、低温(12 〜 18 度)でアルコール発酵
●アルコール発酵後、滓と共に一定期間熟成、清澄行程を行い、瓶詰めをし出荷

ブドウ品種の一例
●アルバリーニョ ●ヴェルメンティーノ
●ヴィオニエ ●コルテーゼ
●グリューナー・ヴェルトリーナー ●ソーヴィニヨン・ブラン
●ゲヴュルツトラミネール ●リースリング

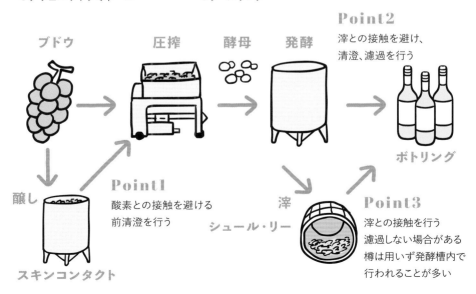

Point2
滓との接触を避け、
清澄、濾過を行う

ブドウ　　　圧搾　　　酵母　　　発酵

ボトリング

醸し

Point1
酸素との接触を避ける
前清澄を行う

滓

シュール・リー

Point3
滓との接触を行う
濾過しない場合がある
樽は用いず発酵槽内で
行われることが多い

スキンコンタクト

3. ふくよか／樽熟成タイプ

　1、2と異なり好気的な工程を含む醸造方法になります。1、2は冷却や嫌気的な
コントロール下で果汁を扱うなど、現代的な設備が必要な製法であると言えます。
一方で3は古典的な手法をベースにしているため、伝統的な産地で用いられること
が多い手法です。先にも述べた通り芳香成分は分解しやすいため、樽熟成といっ
た酸化を促す方法によって減少します。その一方で樽から付与される香り、味わい
を得ることができます。また一定期間の熟成を経ることによって時間経過がもたらす
第3アロマが付与され、その間に第2アロマは消失します。多くのワインでは樽熟成
中にマロラクティック発酵（MLF）が行われますので、酸の味わいが柔らかく変化
します。

醸造上の特徴（フランス ブルゴーニュ地方 シャルドネの一例）
●圧搾後、ステンレスタンクでアルコール発酵
●木樽に移しマロラクティック発酵（MLF）を行い、樽熟成（6 ～ 12か月程度）、軽くフィルター
をかけて瓶詰めをし出荷

ブドウ品種の一例
●シャルドネ　　　　　　　　　　　　　　　●シュナン・ブラン
●ソーヴィニヨン・ブラン／セミヨン（ボルドータイプ）　　●ヴィオニエ

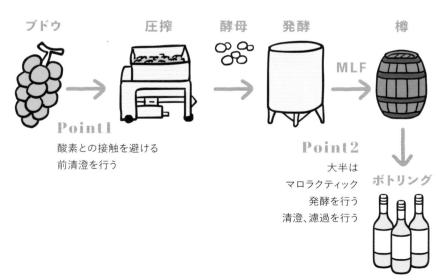

4. シュール・リー／旨味重視タイプ

4 はフランスのロワール地方で行われるシュール・リー製法です。日本では甲州を用いた白ワインで行われています。シュール・リーとは「滓の上」を意味するフランス語であり、アルコール発酵終了後に沈殿した滓（死滅した酵母、生きている酵母）と共にワインを熟成させる方法です。タンパク質（マンノプロテイン）と多糖類が滓から放出されることにより、ワインのストラクチャーと口当たりを高めます。アミノ酸などの旨味成分が引き出され、酵母由来の香りとして、パン・ドゥ・ミ、トーストのような香ばしいニュアンスが付与されます。ロワール地方のミュスカデでは、収穫翌年の3月まで滓引きしてはいけないと規定されており、最短で3～4か月、最長で数年行われます。この製法によって滓由来の香り（トースト、パン・ドゥ・ミなど）は強く付与されますが、果実由来の香りの印象は弱くなります。

ラベル上でシュール・リーと名乗らずとも、似たような製法を用いているワインは存在しています。シャルドネ、アルネイスなどのノンアロマティック品種で多いですが、ミュスカデと似たニュアンスになります。醸造方法を確認するとよいでしょう。

醸造上の特徴（フランス ロワール地方 ミュスカデの一例）
●圧搾後、温度制御されたステンレスタンクで6～9週間かけてアルコール発酵
●大樽に移し、滓と共にシュール・リー（最低6か月）を行い滓引き、瓶詰めをし出荷

ブドウ品種の一例
●ミュスカデ
●甲州
●シャルドネ
●アルネイス

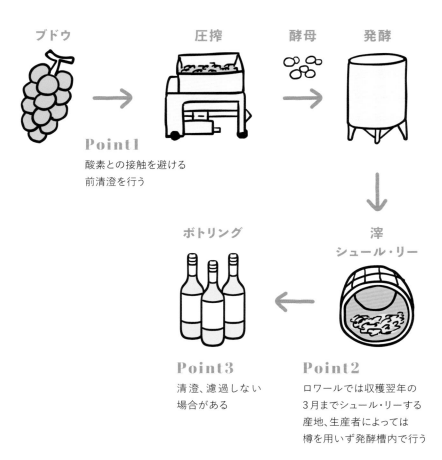

ブドウ　　　　圧搾　　　酵母　　発酵

Point1

酸素との接触を避ける
前清澄を行う

ボトリング　　　　　　　　　　滓
　　　　　　　　　　　　　シュール・リー

Point3

清澄、濾過しない
場合がある

Point2

ロワールでは収穫翌年の
3月までシュール・リーする
産地、生産者によっては
樽を用いず発酵槽内で行う

5. 醸し長め／オレンジワインタイプ

　5はヨーロッパの特定地域で伝統的に行われている製法です。一般的に白ブドウを用いて長期間のスキンコンタクトを行い、多くは醸し発酵を行って製造されます。醸し期間の長いものはアンバー・ワインと呼ばれており、ジョージア、スロヴェニア、イタリアのフリウリ・ヴェネツィア・ジューリア州が代表産地です。白ブドウの醸造を赤ワインと同じ製法で行っているため、製造されるワインの外観は白ブドウの色素成分によってオレンジからアンバーの色合いになります。

　アルコール発酵中の醸し発酵、発酵後もさらにエクステンデッド・マセレーションが行われますが、期間は1〜6か月間とワインによって異なります。なお、ジョージアはクヴェグリ、フリウリ・ヴェネツィア・ジューリア州はスラヴォニアンオークで長期間熟成させるので、出来上がったワインの第3アロマは木樽からの香りの有無といった点で異なります。

醸造上の特徴（ジョージア ルカツィテリの一例）
- 圧搾は行わず、クヴェグリ内でアルコール発酵（3か月）
- 終了後もクヴェグリ内で6か月間熟成。濾過は行わずにそのまま瓶詰めをし出荷

ブドウ品種の一例
- ルカツィテリ、キシ、ムツヴァネなど
- リボッラ・ジャッラ、フリウラーノ、ピノ・グリージョなど

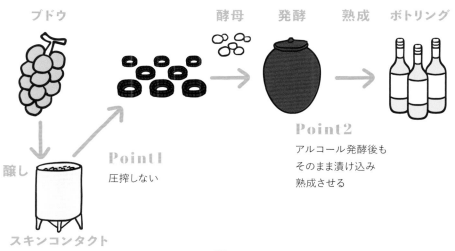

ブドウ　　　　　　　　　　酵母　　発酵　　熟成　　ボトリング

醸し

スキンコンタクト

Point1
圧搾しない

Point2
アルコール発酵後も
そのまま漬け込み
熟成させる

6. アーモンド／酸化タイプ

　6も5と同様に独特の醸造方法で、フランスのジュラ地方やスペインのアンダルシア地方で用いられています。この製法はワイン発酵後に膜生成能力の高い野生酵母をワイン表面に大量発生させることによって、フロール（産膜）が形成され独特の香味をもたらします。アセトアルデヒド（わら臭）、ソトロン、フルフラールのようなアーモンドや焦げ臭、老酒や醤油などのヒネ香を生じます。メイラード反応によって外観がトパーズ、アンバーといった色調に変化します。

醸造上の特徴（フランス ジュラ地方 サヴァニャンの一例）
●圧搾後、ステンレスタンクで低温にてアルコール発酵（18〜21度）
●マロラクティック発酵（MLF）を行い、大樽や古樽などで2〜3年間熟成。産膜酵母が発生する樽としない樽をアッサンブラージュし、瓶詰めをし出荷

ブドウ品種の一例
●シャルドネ、サヴァニャン
●スペイン、ポルトガルの土着品種

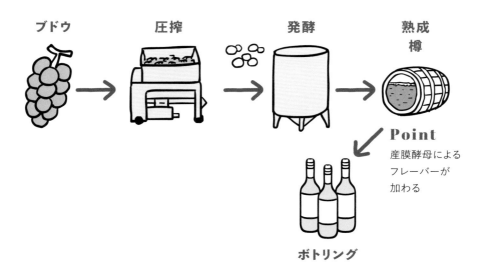

ブドウ　　　圧搾　　　発酵　　　熟成
　　　　　　　　　　　　　　　　　樽

Point
産膜酵母による
フレーバーが
加わる

ボトリング

赤ワインの醸造方法

　赤ワインは白ワインとは大きく異なる方法でワイン醸造が行われます。赤ワインの場合は黒ブドウの果肉以外の成分（果皮、種子のタンニン、色素）の抽出が重要になります。抽出を高めるのか抑えるのか生産者はコントロールすることができます。

　そして赤ワインは白ワインと異なり、好気的な環境下でアルコール発酵が行われます。赤ワインは酸化を促すことによってタンニンを柔らかくすること、また熟成させることによって和らげることができます。赤ワインでも品種特有の香りを生かす場合は酸化や熟成を避ける造りをする必要があります。強いタンニンは長期の醸し、樽の工程によって強化されます。

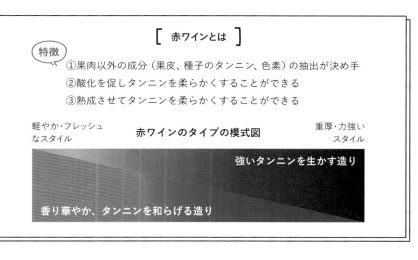

[**赤ワインとは**]

特徴
①果肉以外の成分（果皮、種子のタンニン、色素）の抽出が決め手
②酸化を促しタンニンを柔らかくすることができる
③熟成させてタンニンを柔らかくすることができる

軽やか・フレッシュなスタイル　　**赤ワインのタイプの模式図**　　重厚・力強いスタイル

強いタンニンを生かす造り

香り華やか、タンニンを和らげる造り

　赤ワインは以下の5種類のタイプに分類できます。

1. 香り華やか／薄旨タイプ
2. 果実味中心／バランスタイプ（旧スタイル）
3. 果実味中心／バランスタイプ（新スタイル）
4. タンニン爆発／色濃いめ濃厚タイプ
5. 熟成長め／色薄め細マッチョタイプ

　図は赤ワインの醸造方法をシンプルに模式化したものです。実際にはもっと複雑
な工程が行われていますが、ブラインドではこの流れを理解しておけば十分です。
では1から順に醸造方法を説明します。

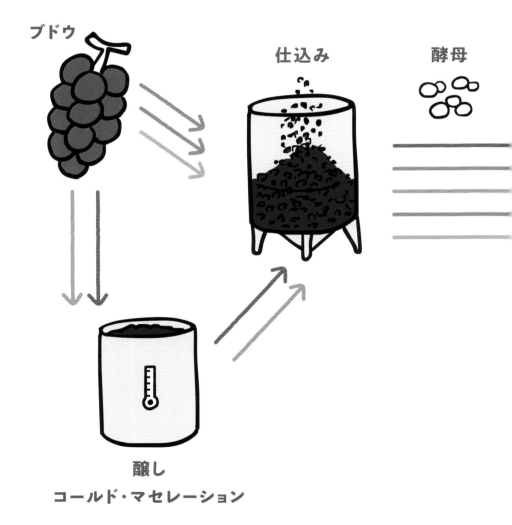

ブドウ

仕込み

酵母

醸し

コールド・マセレーション

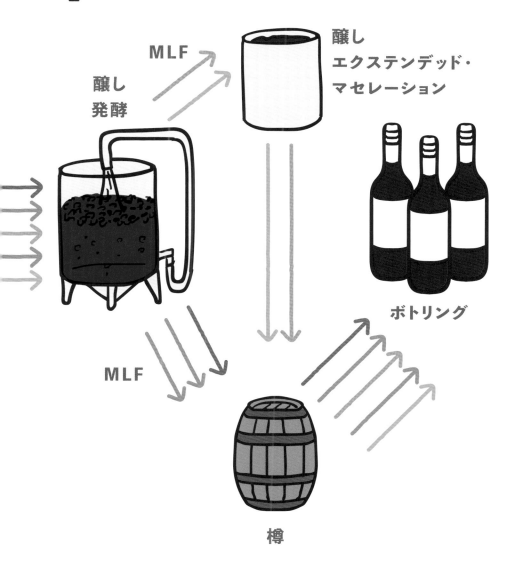

MLF

醸し
エクステンデッド・
マセレーション

醸し
発酵

MLF

ボトリング

樽

1. 香り華やか／薄旨タイプ

　Iは黒ブドウの中でも特徴的な香りをもつ品種で用いられています。コールド・マセレーションは現在の製法ですが、例えば冬が寒いフランスのブルゴーニュ地方などでは経験的に過去から行われています。発酵プロセスの開始を避けるために低温に保ちながら、果実からの化合物の抽出を増加させ、主にアントシアニンなどの色素を増加させます。低温（4〜8度）で10日間程度保持することによって、外観上の色合いの安定性が向上します。この製法では赤ワインの果実の香り、フローラルな花の香りがワインに表現されることが多く、香り豊かな品種に対して用いられています。

醸造上の特徴（フランス ブルゴーニュ地方 ピノ・ノワールの一例）
●収穫し除梗、コールド・マセレーションを3〜5日行い、温度制御下でアルコール発酵。総マセレーション期間はヴィンテージに応じて16〜18日
●熟成は30%新樽を含むフレンチオーク樽で14か月。その後瓶詰めをし出荷

ブドウ品種の一例
●ピノ・ノワール
●マスカット・ベーリー A
●カベルネ・フラン
●ガメイ

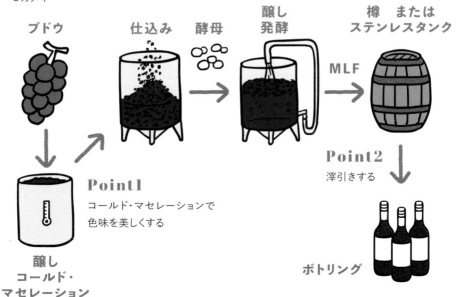

ブドウ　仕込み　酵母　醸し発酵　樽 または ステンレスタンク

MLF

Point1
コールド・マセレーションで色味を美しくする

醸し
コールド・マセレーション

Point2
澱引きする

ボトリング

2. 果実味中心／バランスタイプ（旧タイプ）

　2 は伝統産地で行われているワイン醸造の方法です。伝統に基づいた方法で造られていますが、醸造に用いられる設備はワイナリーによってさまざまで、1世紀前から同じ設備を用いている生産者から現代的な設備を用いている生産者までいます。

　好気的な環境でワインが造られているため、微生物に起因するブレットと呼ばれる香り、複雑な熟成工程の香りが表現されることがあります。フランス、イタリア、スペインなど伝統産地とニューワールドでのワインの違いを見極めるためには醸造工程によって付与される香りがポイントだと私は思っています。不快臭と紙一重な場合がありますが、日本のおかかや佃煮など伝統的な発酵食品の香りを感じることがあります。日本人には好意的に感じられる場合もありそうです。

醸造上の特徴（フランス ローヌ地方 コート・ロティ シラーの一例）
●収穫後、除梗（一部残すものもあり）、温度管理されたステンレスタンクで天然酵母を使用し、アルコール発酵（発酵温度最高33度）、発酵期間22日間、その後マロラクティック発酵（MLF）
●熟成は新樽比率50％で35か月熟成。その後瓶詰めをし出荷

ブドウ品種（オールドワールドで多い）の一例
●メルロ　　　　　　　●シラー
●グルナッシュ　　　　●カベルネ・フラン
●サンジョヴェーゼ　　●マルベック

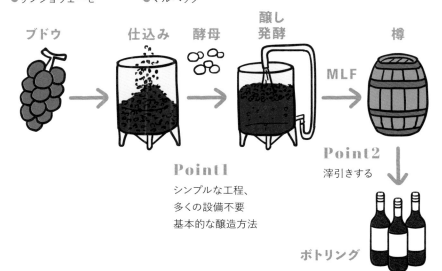

ブドウ　　仕込み　　酵母　　醸し発酵　　樽　　MLF

Point1
シンプルな工程、
多くの設備不要
基本的な醸造方法

Point2
澱引きする

ボトリング

3. 果実味中心／バランスタイプ（新タイプ）

　3 は 2 の工程に科学的な知見を取り入れ、主にニューワールドのワインで行われている醸造工程です。もちろんすべてを表しているわけではありませんが、現代的な造りを目指した新しい醸造設備をもつワイナリーで行われていると考えています。

　コールド・マセレーションは1で述べた通りですが、アントシアニンなどの色素が増加するため外観の発色が良くなります。エクステンデッド・マセレーションは、アルコール発酵後にブドウの果皮、種子と浸漬を行うことにより、特に種子由来のタンニンの抽出を行っています。結果的にタンニン抽出を増加させることができます。エクステンデッド・マセレーションの期間に明確な基準はありませんが、3 〜 180日間（品種、地域による）などさまざまです。この工程は、エタノールによって種子を取り囲む外側の脂質層が破壊されるため、アルコール発酵が進むことにより抽出を促進します。また興味深いこととして、アントシアニンなどの色素は果皮に再吸着されるため、出来上がったワインの外観の色は薄くなります。

　この工程は必ず行われるわけではありませんが、温度管理をしながら効率的に強い味わいをもたらすタンニンの抽出が可能であるため、この工程を経ているワインに出会う機会が増えています。

醸造上の特徴（アルゼンチン マルベックの一例）
●収穫後ブドウを破砕することなく優しく除梗。第1アロマを維持するために、低温のコールド・マセレーションを行う。発酵は低温で行われ、発酵後のエクステンデッド・マセレーションは 15 〜 20 日間実行
●1 〜 3回使用されたフレンチオーク樽で 12 か月間熟成。その後瓶詰めをし出荷

ブドウ品種（ニューワールドで多い）の一例
●メルロ
●シラー
●ジンファンデル
●マルベック
●ピノ・ノワール

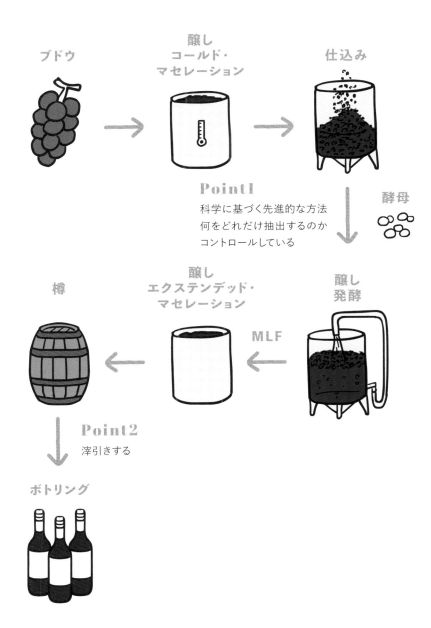

ブドウ

醸し
コールド・
マセレーション

仕込み

Point1
科学に基づく先進的な方法
何をどれだけ抽出するのか
コントロールしている

酵母

樽

醸し
エクステンデッド・
マセレーション

MLF

醸し
発酵

Point2
澱引きする

ボトリング

4. タンニン爆発／色濃いめ濃厚タイプ

　4は醸しと樽熟成の工程がとにかく長く、フルボディに仕上がる製法です。伝統産地で醸造方法、長期間の熟成が規定されている品種、ネッビオーロ、アリアニコ、テンプラニーリョなどで用いられています。またワイナリーによっては、スタンダードラインとハイエンドラインを区別する際に、ハイエンドでは醸造工程、熟成期間を長くすることによってスタンダードと区別しています。

　タンニンの力強いワインに仕上げるために、果皮、種子、樽からのタンニンを引き出す工程が行われており、先に述べたエクステンデッド・マセレーションの工程を経るワインが多くあります。

醸造上の特徴（イタリア　ウンブリア州　サグランティーノの一例）
●収穫後ソフトに圧搾および除梗、マセレーションとアルコール発酵で26 〜 28日間
●フレンチオーク樽で22か月熟成（新樽50%、1年樽50%）、最低6か月瓶熟成。その後瓶詰めをし出荷

ブドウ品種の一例
●カベルネ・ソーヴィニヨン　　●テンプラニーリョ
●メルロ　　　　　　　　　　　●サグランティーノ
●カルメネール　　　　　　　　●アリアニコ
●サンジョヴェーゼ

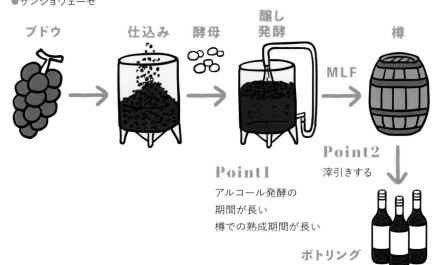

ブドウ　　仕込み　酵母　　醸し発酵　　樽

MLF

Point1
アルコール発酵の
期間が長い
樽での熟成期間が長い

Point2
澱引きする

ボトリング

5. 熟成長め／色薄め細マッチョタイプ

5は伝統的産地で見出された特殊な製法でしたが、現在では科学的なワイン醸造の手法として用いられています。この工程は先に述べたエクステンデッド・マセレーションと呼ばれる手法で、イタリアのピエモンテ州でネッビオーロを用いて伝統的に行われています。アルコール発酵後にそのまま発酵槽に浸漬させ、冬を越します。ネッビオーロは伝統的にこの工程を経るため非常に強いタンニンがありつつ外観上は透明度のあるワインに仕上がります。現在ではこの製法による利点が科学的に明らかになっているため、ニューワールドでこの製法を効果的に用いて製造されるワインが存在します。アルゼンチンのマルベックやカリフォルニアのシラーなどで美しい外観でありつつタンニンが力強いワインが造られています。

醸造上の特徴（イタリア ピエモンテ州 ネッビオーロの一例）
●収穫後、除梗を行い、アルコール発酵は8～9日間、その後6か月間のエクステンデッド・マセレーションを行う
●2年以上の樽熟成、1年以上のスチールタンク熟成、瓶熟成を合わせて計4年間の熟成期間を経て、その後瓶詰めをし出荷

ブドウ品種の一例
●ネッビオーロ　●アリアニコ　●テンプラニーリョ

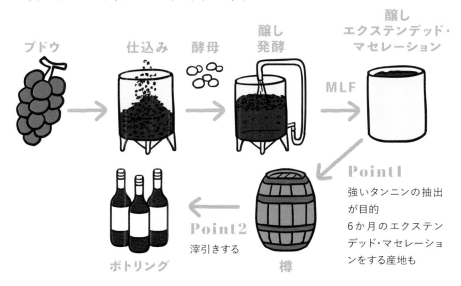

ブドウ　　仕込み　　酵母　　醸し発酵　　醸しエクステンデッド・マセレーション

MLF

Point1
強いタンニンの抽出が目的
6か月のエクステンデッド・マセレーションをする産地も

Point2
滓引きする

ボトリング　　　　　樽

Column-3

　ロゼワインは黒ブドウを用いて造られ、赤ワインと白ワインの中間の色合いをもつスティルワインのことです。海外のワイン法では赤ワインと白ワインをブレンドしたロゼワインの醸造法は禁じられていることが多いですが、日本ではしばしば見かけます。

　ロゼワインの製法のひとつのセニエ法は、赤ワイン醸造の途中で抜き取った果汁を用いてロゼワインを造る製法で、そもそもは赤ワインをより濃くするために用いられてきました。この製法で造られたロゼワインは濃い色合いであり、赤ワインの果実味に近い味わいがあることからブラインドでも品種個性を見出しやすくなります。一方直接圧搾法（ダイレクトプレス法）では黒ブドウを用いて、果汁のみ白ワインと同じ工程を経て造られるため、黒ブドウの品種の個性を見出すことは難しく難易度が高くなります。フランスのプロヴァンス地方はこの製法を用いることが多い代表的な産地です。

　スパークリングワインは炭酸ガスが溶け込んで一定の圧力を帯び、抜栓後に泡立つ特徴のあるワインのことです。フランスのシャンパーニュやイタリアのプロセッコなどのスパークリングワインは通常のスティルワインの醸造を行った後に、その原料に糖分、酵母を添加して2度目の発酵を起こす方法で、ある意味より人為的な介入を行うことで製造されています。この2度目の発酵で用いる容器によって製法名が異なり、ガラス瓶内で2回目の発酵を行う方法を瓶内二次発酵方式、また効率的に行う方法として巨大なタンクで2回目の発酵を行う方法をシャルマ方式と呼んでいます。

　また古典的な方法として、1回目のアルコール発酵の途中にボトルに瓶詰めを行う方法もあります。こちらはアンセストラル（古代の）、あるいはリュラル（田舎の）方式と呼ばれます。発行途中のブドウの糖分から生み出される炭酸ガスを用いるため弱発泡性になります。比較的簡便に造れるため、日本でも多くのワイナリーでペティヤン（Pétillant）と呼ばれるワインがこの方法で造られています。

第7章
知識を活かす
ブドウ品種

　基本的なブドウ品種の特徴、そして品種を生かす醸造方法、生産国の典型的な特徴を理解し、ワインから得られる情報を正確に分析することができれば、ブドウ品種の特定に役立ちます。

　ここからブラインドに出題されることが多い白ブドウ、黒ブドウの特徴を一緒に見ていきましょう。品種名、シノニム（別名）、原産地、外観上の特徴、適した栽培環境、醸造方法の一例、香りと味わい、代表的な生産国を実際のワインの写真で解説します。

　醸造方法はあくまで一例として示しています。

Chardonnay

提供：サントリー株式会社

品種名

シャルドネ
Chardonnay

代表的なシノニム

ムロン・ダルボワ（Melon d'Arbois：フランス）、ボーノワ
（Beaunois：フランス）

原産地　フランス　ブルゴーニュ地方

外観上の特徴

小ぶりの円筒形の房で小粒の果実、果皮が薄く黄緑色を
帯びた円形の白ブドウ

適した栽培環境

　冷涼地から温暖地まで幅広い産地特性があり、良質なワインを
造ることができる。病害にはやや弱いが早熟で寒冷地にも適して
いる。収穫時期は北半球で8月下旬〜9月、南半球では2月下
旬〜3月に行われる。200ha以上の栽培面積をもつ国の数は41
か国でブドウ品種としては1位である（O.I.V.2017）。

醸造方法の一例

　ブドウ収穫後に選果、除梗し圧搾、アルコール発酵を行う。そ
の後、樽かステンレスタンクにてマロラクティック発酵（MLF）を
実施し、6〜12か月の樽熟成を行うことが多い。シャルドネは多
くのブドウ品種と異なり、樽を用いることがスタンダードになってい
るが、近年は樽熟成を行わずステンレスタンク等で熟成を行うスタ
イルが増えている。またシャンパーニュに代表される瓶内二次発酵
を経たスパークリングワインの主要品種としても用いられている。

香り／味わいの特徴

　アロマティックな特徴香は感じにくいが、リンゴ、洋梨、グレー
プフルーツなどの香り、またストーンフルーツと表現されるカリン、
アプリコット、白桃などのノナラクトン系の香りが感じられることが
ある。樽熟成の工程を経るものが多いので、樽による香りが品種
の特徴的な香りと認識されやすい。味わいに複雑さをもたらすた
めに澱と接触を行う場合は、澱由来のイースト、バターの香りがも
たらされる。産地によってブドウの成熟に違いがあるため、味わい
は酸中心から甘味／アルコール主体までさまざまだが、一様にバ
ランスが良くシャルドネらしい品質の高さを感じることができる。

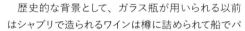

代表的な生産国

フランス

　中心的な産地であるブルゴーニュ地方で栽培されている。温暖化の影響で北から南での味わいの差は小さくなっている。北の代表産地であるシャブリ地方では伝統的に新樽は多く用いられておらず、味わいは酸が主体的に感じられる。一方、南の代表産地であるムルソーでは伝統的に新樽の使用比率が高く、樽由来の香りに特徴があり、味わいはシャブリに比べてふくよかに感じられることが多い。

　歴史的な背景として、ガラス瓶が用いられる以前はシャブリで造られるワインは樽に詰められて船でパリまで運ばれた後、樽はシャブリに戻してその空樽に再びワインを詰めて出荷した古い慣習があったため、プルミエクリュ、グランクリュなど一部のワインを除いて新樽が用いられることは少ない。一方ムルソーはワインを詰めた樽は回収せず、運ばれた先に残されるので生産者は常に新しい木樽を使っていた。このためムルソーは今でも新樽が用いられている。

　コート・ドールではエレガントなスタイルの生産者が多い中、マコネなどコート・ドール以南の生産地ではニューワールドのシャルドネと見まがうワインが造られている。このようなワインでは樽の印象ははっきりしており、アルコール度数は13.5%以上など高いものがある。

アメリカ

　アメリカのカリフォルニア州はシャルドネの一大産地であり、ナパ・ヴァレー、ソノマ・ヴァレーなどの代表産地があるが全域で栽培されており、フランスの伝統的なスタイルとは異なるスタイルのシャルドネが生み出されている。ヴァニラの香りが強く感じられ、甘味とアルコールが高いシャルドネがスタンダードである。一方中価格帯から高価格帯ではブルゴーニュと見まがうワインがロシアンリヴァー・ヴァレー、ロス・カーネロスなどの産地で造られており、樽の印象は強すぎずスマートで、酸をしっかり感じさせつつ甘味とのバランスがとれた秀逸なシャルドネである。アルコール度数は14%など高い傾向があったが、12〜13%のワインも存在し新たなスタイルに感じられる。

Chardonnay

オーストラリア

　南オーストラリア州のアデレード・ヒルズ、西オーストラリア州のマーガレット・リヴァーはシャルドネの重要な産地である。これらの産地では果実の熟度が高く、それでいて酸がしっかり感じられるワインが造られている。アメリカのシャルドネに比べると糖度が低く酸が高いため冷涼な印象を受ける。フルーティーなアロマが感じられ、成熟した果実の味わいがある。アルコール度数は13.5％程度に抑えられており高すぎない。南アフリカ、ニュージーランドなどの産地でも酸が主体的であるためブルゴーニュとの違いが見出しにくいが、熟成期間はブルゴーニュよりも短く、若々しい新樽の香りからブルゴーニュとは違った印象に感じられることが多い。

日本

　生産量の多い産地は山梨県、長野県、山形県である。日本のシャルドネはタイプがさまざまで、樽を用いて熟成させるブルゴーニュスタイルからオークを用いないすっきりしたスタイルもある。シャルドネから日本ワインのレベルの向上が感じられる。　ワインの味わいは海外のものと比べると柔らかで繊細かつスマートな印象に感じられる。アルコール度数も12％前後が多く、ワイン中からみずみずしさが感じられる。樽熟成を経ているワインでは、酒質以上の強い樽の印象が感じられること、リリース後即入手が可能であることからワインと樽が一体化していないように感じる場合がある。海外のワインからは感じることのないその印象から日本と選択できることが多い。

提供:丹波ワイン株式会社

品種名

リースリング
Riesling

代表的なシノニム

ライン・リースリング（Rhein Riesling：ドイツ）

原産地　ドイツ　ラインガウ渓谷

外観上の特徴

小ぶりの房で小粒の果実、果皮は薄く黄緑色を帯びた円形の白ブドウ

適した栽培環境

　耐寒性が強いため冷涼地に適している。栽培は難しく、収量は少なく晩熟である。病害にはやや弱い。北半球の収穫時期は9月〜11月で、遅摘みであれば12月である。南半球の収穫時期は2月〜4月である。

醸造方法の一例

　ブドウ収穫後に低温下でスキンコンタクトを実施する場合がある。そして低温でのコントロール下でアルコール発酵を実施する。その後は瓶内で一定期間熟成させ味わいを落ち着かせて出荷される。樽熟成が行われることは極めて少ない。瓶内二次発酵を経たスパークリングワインにも用いられている。収穫時期を遅くすることにより糖度を高めた遅摘みブドウによる甘口、貴腐ブドウとなった極甘口のワインも造られ多様なワインを生み出すことができる。

香り／味わいの特徴

　TDN（トリメチルジヒドロナフタレン）と呼ばれる香り成分をもつことが特徴的である。この香りはペトロール、灯油香などと表現される。防虫剤成分のナフタレンと共通する化学構造をもつ。TDNは高温の気候条件、完熟ブドウで多く生成される。このことからフランスやアルザスよりも気温が高く、日照時間が長いオーストラリアの南オーストラリア州クレア・ヴァレー、イーデン・ヴァレーでTDNの香りが感じられるワインが多い。またドイツのモーゼルの銘醸畑、フランスのアルザスの格付けのあるブドウ畑のワインでこの香りが多く感じられるのは、畑の気候条件が良いためだと考えている。また白い花の香りが特徴香として感じられるが、この香り

Riesling

はテルペン系に起因する香りであるため、若々しいワインに生じやすい。

　味わいは酸が非常に高く感じられることが特徴的である。他の品種と見極めるポイントであるが、糖度が高い場合は味わいの相互作用により酸が柔らかく感じられるので、酸と糖分を分けて捉えるように注意したい。数値的には 7 〜 10g/L 程度の酸量があり、他の白ブドウ品種より高い。残糖は 1g/L 程度で少ないものから 40g/L を超えるものまで幅広い。一般的に残糖が多いワインではアルコール度数が低くなる。

代表的な生産国

ドイツ

　モーゼル地方、ラインガウ地方が中心産地である。モーゼルはアルザスのヴォージュ山脈を水源とするモーゼル川、ザール川、ルーヴァー川の流域の産地である。ラインガウはヴィースバーデンの東のウンターマインからリューデスハイムの北にあるロルヒハウゼンに至る一帯で、ライン川沿いの産地である。さまざまな土壌でリースリングの栽培が行われており、土壌の違いによる味わいの違いに関する研究が行われている。フレッシュで辛口のスタンダードなタイプではペトロール香が存在することが少なく、白い花のようなテルペン系の香りが感じられる。スタイルは多様で低アルコールかつ甘口のスタイル、ゼクトなどのスパークリング、遅摘み、貴腐ブドウの極甘口などがある。

フランス

　東北部に位置しライン川を挟んでドイツと国境を接している、歴史的な経緯のあるアルザス地方は同様に銘醸地として重要である。またドイツ同様辛口から遅摘みワイン、貴腐ワインまで幅広いリースリングが存在する。ドイツと比べると低アルコール中甘口のワインは少なく、辛口ワインが中心である。白い花などテルペン系の香りがあるフレッシュな辛口ワインがある一方、ペトロール香のある辛口ワインはドイツより頻度が高い印象がある。

アメリカ

　ワシントン州のコロンビア・ヴァレーでは古くから栽培され、ニューヨーク州のフィンガー・レイクスを中心に高品質のリースリングが存在する。ドイツ、フランスに比べるとボディのしっかりとしたリースリングが造られている。ドイツ、フランスに比べてアルコール度数が高く、ふくよかな甘味があるワインが多い。

オーストラリア

　南オーストラリア州のクレア・ヴァレー、イーデン・ヴァレーが重要な産地である。クレア・ヴァレーは温暖な大陸性の気候で、日中は温暖だが夜間に気温が下がり寒暖差が大きい。イーデン・ヴァレーはアデレード・ヒルズからつながるマウントロフティ山脈上の産地で、クレア・ヴァレー同様、昼夜の寒暖差が大きい。標高が高いことからフェノールが成熟しており、残糖が少なく酸が高く感じられる。TDN 由来のペトロール香を顕著に感じられる特徴がある。辛口ワインが中心だが、甘口のスタイルも存在する。

Sauvignon Blanc

提供：サントリー株式会社

品種名

ソーヴィニヨン・ブラン
Sauvignon Blanc

代表的なシノニム

ブラン・フュメ（Blanc Fumé：フランス）、フュメ・ブラン（Fumé Blanc：アメリカ）

原産地　フランス中部（ロワール地方）、あるいはフランス南西部（ボルドー地方）

外観上の特徴

小ぶりの房で小粒の果実、果皮は薄く緑色を帯びた円形の白ブドウ

適した栽培環境

　世界中で栽培されており冷涼から温和な気候に適応できる。発芽は遅いが成熟は早い。耐病性はやや弱い。北半球の収穫時期は9月で、南半球の収穫時期は2月～3月である。200ha以上の栽培面積をもつ国の数は16か国でブドウ品種としては9位である（O.I.V.2017）。

醸造方法の一例

　多様な醸造方法が用いられる。特徴的な香りを抽出するため、温度管理、無酸素下でスキンコンタクトが行われる。ニュージーランドでは低温下でのスキンコンタクトによって果皮成分の抽出を行いアルコール発酵する。カリフォルニアでは極力果皮との接触は行わずメトキシピラジン類などの果皮成分が極力少ないスタイルでワインを造る。最も重厚感のあるタイプはボルドー地方で造られており、アルコール発酵後に一定期間樽熟成を行っており、フレッシュな香りは減少するが樽、果実由来の濃縮した印象が強くなる。

香り／味わいの特徴

　特徴的な香り成分があり、ブラインドでは香りから得られる情報が多い。その一方で特徴的な香りのないアイテムでは難易度が高まる。特徴的な香り成分のひとつはメトキシピラジン類で、ハーブ、青リンゴ系の香りがある。チオール系化合物によるパッションフルーツ、グレープフルーツ系の香りは比較的どの産地でも感じられるので、ブラインドでの大きな手がかりになる。味わいは酸が非常に高いことが特徴である。果実の甘味は産地によって異なるが、味わいの後半にはっきりとした苦味が感じられることがある。これはスキンコンタクトの工程によってもたらされると考えている。

フランス

　代表的な産地としてロワール地方、ボルドー地方がある。ロワール地方はソーヴィニヨン・ブランのベンチマークとなるワインを造る産地であり、サンセール、プイイ・フュメといった代表産地がある。両地域ともソーヴィニヨン・ブランの特徴的な香りが感じられるワインが造られているが、近年はメトキシピラジン類によるハーブ系の香りが抑えられているように感じている。その場合、グレープフルーツなどチオール系の香りが主体的になるためブラインドでは注意が必要である。

　ボルドー地方では樽による熟成が行われており、厚みのあるワインが造られている。セミヨンとブレンドされていることが多いがソーヴィニヨン・ブラン100%のワインも存在する。ハイレンジのワインでは新樽が用いられ、12か月など長期の樽熟成が行われている。その一方で古樽を用いて樽の印象が少ないものや、樽熟成は行わずアルコール発酵後にステンレスタンクにて滓と共に味わいを強化しているものなど多様である。メトキシピラジン類によるハーブ系の香りは感じにくい。

ニュージーランド

　代表的な産地はマールボロ、マーティンボロー、ホークス・ベイである。ソーヴィニヨン・ブランの多様な香りを科学的に分析し、商品価値の向上に成功した産地であり、メトキシピラジン類によるハーブ香、さらにチオール系化合物のグレープフルーツ系の香りがほとんどのワインから感じられる。最近では、メトキシピラジン類を抑え、シュール・リーによって味わいが強化されたワインや、ボルドー地方のような樽熟成が行われている厚みのあるワインなどスタイルは多様に変化している。

アメリカ

　カリフォルニア州でカベルネ・ソーヴィニヨンと共にソーヴィニヨン・ブランを栽培する生産者は多い。日照時間が長く気候条件が良いカリフォルニア州ではメトキシピラジン類による香りは抑制されており、チオール系化合物によるグレープフルーツの香りが強いワインが多い。ブラインドにおいてはニュージーランドと醸造のスタイルが大きく異なる点は理解しておきたい。アルコール度数が低いライトスタイルから樽での熟成を経たフルボディのワインまで幅広い。

チリ

　気候条件が適しているため、白ブドウの栽培面積ではシャルドネを上回って1位である。海岸部のカサブランカ・ヴァレー、サン・アントニオ・ヴァレーのサブ・リージョン（小地域）であるレイダ・ヴァレーは、特に銘醸地として名高い。ニュージーランドのスタイルに倣っており、両国のワインをブラインドで見極めることは難しいが、チリのほうがメトキシピラジン類の香りは鮮やかで、青唐辛子、グリーンペッパーのように感じられる。またチオール系化合物はパッション・フルーツ、グアバのように

感じられる。 味わいは非常にクリーンで、キレの良い酸と果実の甘味とのバランスがとれており品質が高い。樽の熟成が行われているものは少ない。

Aligoté

品種名

アリゴテ
Aligoté

代表的なシノニム

複数あり

原産地 フランス　ブルゴーニュ地方

外観上の特徴

大ぶりの房で大きな果実、果皮は厚く緑色を帯びた円形の白ブドウ

提供:丹波ワイン株式会社

適した栽培環境 比較的冷涼な産地で栽培されている。病害に強い。収穫時期は9月である。

醸造方法の一例 伝統的な醸造方法でワイン造りが行われており、除梗後にアルコール発酵を行い、マロラクティック発酵(MLF)はステンレスタンク、樽などで行われる。MLF後に樽熟成を行う。樽熟成の期間は6〜12か月程度が多い。

香り／味わいの特徴 いわゆるノンアロマティック品種であるため品種特有の香りは少ない。そのため第1アロマはリンゴ、柑橘系の香りとして感じられることが多く、樽熟成、酵母との接触によって香りの印象はさまざまである。味わいは酸が主体的であることが特徴である。シャルドネに比べて鋭角的な酸が感じられるものが多く、判別のポイントになる。甘味は低値であるためシャブリ地方のシャルドネと間違いやすい。ミュスカデと共通した香り表現になることが多いが、ミュスカデに比べると樽由来の熟成の風味が感じられる点に違いがある。

代表的な生産国 **フランス**

　フランスではブルゴーニュ地方のコート・シャロネーズにあるブーズロンでアリゴテとして造られる白ワインとして規定されている。ブルゴーニュ地方の白ブドウとしてはシャルドネに次いで栽培されている。モレ・サン・ドニ村も栽培地として有名である。評価の高いアリゴテほどシャルドネとの判別が困難になりもどかしい。ブルゴーニュ・アリゴテという広域のA.O.C.があり、アリゴテらしい酸の高さが実感できる。

提供：丹波ワイン株式会社

Chenin Blanc

品種名

シュナン・ブラン
Chenin Blanc

代表的なシノニム

ピノー・ド・ラ・ロワール（Pineau de la Loire：フランス）、
スティーン（Steen：南アフリカ）

原産地　フランス　ロワール地方

外観上の特徴

大ぶりの房で小粒の果実、果皮が厚く緑色を帯びた円形
の白ブドウ

適した栽培環境

　早期に芽が出るため春霜のリスクがある。病害がないように注
意することによって晩熟させることができる。気候条件によってブド
ウは貴腐化することがある。収穫時期は9月で遅摘みの場合は11
月以降になる。南半球の収穫時期は2月である。

醸造方法の一例

　多様な醸造方法がある。果皮成分をワイン中にもたらすためス
キンコンタクトを行い、味わいの厚みをもたらすためにアルコール
発酵後に澱との接触を行うことが多い。マロラクティック発酵
（MLF）を行い樽熟成させるフルボディのワインがある。一方、ス
パークリングワイン、貴腐ワイン、遅摘みワインなど多様なワイン
を造ることができる特徴がある。

香り／味わいの特徴

　カリン、モモなどのストーンフルーツ系などラクトン系の果実の
香りが特徴的である。この香りは果実の成熟度、醸しの程度によっ
て印象が変わるため産地やワインによってその程度は異なる。味
わいは酸が主体的であるが、糖度が高い品種であることから辛口
ワインとしての味わいは幅広い。樽熟成を経るワインもあるためブ
ラインドで正答することが難しい品種のひとつである。

代表的な生産国

フランス

　ロワール地方のアンジュー＆ソミュール地区、トゥーレーヌ地区を中心に栽培されている。特にトゥーレーヌ地区の伝統産地であるヴーヴレでは多様なワインが造られており、土壌は粘土石灰質、トゥファ（炭酸カルシウムが豊富に含まれる堆積土壌）である。シス川とブレンヌ川の影響を受け、霧が発生しやすいため貴腐菌（ボトリティス・シネレア）が発生しやすい。よって辛口から極甘口の貴腐ワインまでが存在している。よく成熟させたブドウが用いられることから、ワインの香りはカリン、オレンジ、ワックスやゴムなどの特徴的な香りがある。ソミュールではヴーヴレに比べてライトなワインが造られており、酸が高くシンプルなワインが多い。

南アフリカ

　1655年に南アフリカのケープにブドウがもたらされており、かつてはスティーンと呼ばれていた。栽培の歴史は長く、世界1位の栽培面積をもつ。ステレンボッシュ、スワートランドが中心産地である。温暖な気候によってパイナップル、マンゴーなど成熟した果実からの香りが感じられる。多くのワインはステンレスタンク発酵後、一定期間の瓶熟成を経て出荷されるものが多いが、ハイレンジのラインでは樽熟成を行うものがある。香りの中にスモークや焼けたアスファルトのような香り、味わいでは苦味が非常に強いことが特徴的である。

Viognier

提供：丹波ワイン株式会社

品種名

ヴィオニエ
Viognier

代表的なシノニム

なし

原産地 フランス　ローヌ地方北部

外観上の特徴

小ぶりの房で小粒の果実、果皮が薄く黄緑色を帯びた白ブドウ

適した栽培環境

フランスのローヌ地方、ラングドック地方やアメリカ、オーストラリアなど比較的温暖な産地で栽培されている。病害に弱く、ブドウ収穫のタイミングで酸が落ちやすい。また十分な日照量が必要で、豊かな香りの前駆物質が果皮にもたらされる完熟したタイミングで収穫する必要がある。北半球での収穫時期は8月後半〜9月である。

醸造方法の一例

スキンコンタクトで果皮からの香り成分の抽出を行う。アルコール発酵は嫌気的環境下で行うことが多い。その後にステンレスタンクなどで一定期間熟成を経て出荷する。一方、コンドリューなどハイレンジのラインではマロラクティック発酵（MLF）を行い樽での熟成を行う。

香り／味わいの特徴

香り成分が豊かで特徴的な香りがある。特にテルペン系と言われる花の香り、またノナラクトンなどのストーンフルーツ系の香り、さらに糖度が高い場合は砂糖漬けのカリンのような香りが感じられる。また樽の熟成がある場合はテルペン系の香りは減じられる。味わいは酸が一様に柔らかい。糖度はやや高く、アルコールも13.5〜14.5%程度の幅がある。多くのヴィオニエはスキンコンタクトを行うため果皮由来の苦味が感じられる。樽を用いている場合は樽由来の苦味が強化されている。ブラインドでは香りだけでヴィオニエと判断できるアイテムがある一方で、樽熟成が強く香りがマスクされると難易度が高くなる。

フランス

　フランスはローヌ地方の北部のコンドリューが重要な産地である。糖度、アルコール共に高く、樽熟成を行っているハイレンジのラインがあり、アプリコットのような果実が香る素晴らしいワインが造られている。ローヌではさらに広域であるコート・デュ・ローヌでヴィオニエのみ、あるいは比率の高い白ワインがある。その他の産地であればラングドック地方でも生産されている。

アメリカ

　カリフォルニア州ではヴィオニエが多く栽培されているが、大まかに2つのタイプが存在する。ひとつはヴィオニエらしい香気成分があり、フレッシュな味わいが特徴的なアイテム、もうひとつは樽熟成をしっかり行うことで香気成分は抑えられているが、力強い味わいのアイテムである。フランスに比べるとカリンやアプリコット、パイナップルなどフルーツの香りがはっきりと感じられる。味わいでは糖度、アルコール共に高くしっかりとしたストラクチャーがあるため、酸はフランスよりも低く感じられることが多い。樽熟成を行っている場合はカリフォルニアらしいしっかりとした樽のフレーバーが感じられるが、ヴィオニエの特徴香が感じにくくシャルドネと間違えやすい。その場合は両品種を候補にあげつつ特徴香を嗅ぎ取り見極める必要がある。

Albariño

アルバリーニョ
Albariño

代表的なシノニム

アルヴァリーニョ（Alvarinho：ポルトガル）

原産地　イベリア半島北西部

外観上の特徴

小ぶりの房で小粒果実、果皮は厚く黄緑色を帯びた円形の白ブドウ

適した栽培環境　スペイン、ポルトガルの中でも高温多湿の環境での栽培に適応できる品種として注目されており、世界で栽培地が増えている。耐病性が高い。収穫時期は 9 月である。

醸造方法の一例　収穫後に除梗、破砕後に低温下でスキンコンタクトを行い、アルコール発酵後にステンレスタンク内で滓と共に静置、その後瓶詰めする工程を経ることが多い。ハイレンジのラインでは樽熟成を行うものがある。また、ポルトガルのヴィーニョ・ヴェルデなど発泡した状態を残したフレッシュなワインもある。

香り／味わいの特徴　特徴的な香り成分としてテルペン系の香り成分が存在し、成熟したオレンジや熟したリンゴの果実の香りが感じられる。またグレープフルーツ、洋梨の香り、白い花、ヨードのような海の香りが感じられることがある。樽熟成を経たハイレンジのタイプがあり、その場合は品種由来の香りに加え樽からの香りが付与されるため、より複雑な第 3 アロマが感じられる。成熟した果実の香りと裏腹に味わいは酸が主体であり、7 〜 8g/L 程度の高い酸が鋭く感じられる。フレッシュな果実の甘味が感じられバランスがとれている。味わいの後半にかけてわずかな塩味を感じることがあるため特徴として捉えたい。

代表的な生産国　**スペイン**

　スペインのリアス・バイシャスなどリアス式海岸の沿岸部や、海へとつながるミーニョ川沿いの谷で栽培されている。スペインの中でも雨が多く湿度の高い産地だが水はけの良い土壌であり、棚栽培でブドウ造りが行われている。沿岸部に近い畑であれば海からの塩分がブドウの果皮に付着しやすく味わいに影響している。

品種名
トロンテス
Torrontés

代表的なシノニム
なし

原産地 スペイン

外観上の特徴
中ぶりの房で小粒の果実、果皮は厚く緑色を帯びた円形の白ブドウ

適した栽培環境 スペイン原産ではあるが現在はほぼアルゼンチンで栽培されている。発芽は早く早熟で収穫までのサイクルが短く収量が多い。灰色カビ病、ウドンコ病に弱いため、乾燥した大陸性気候が適している。南半球での収穫時期は3月である。

醸造方法の一例 多くのワインでスキンコンタクトが行われている。低温にコントロールされた発酵槽でアルコール発酵を行い、そのまま瓶詰めするタイプと発酵槽で一定期間熟成させるタイプがある。数は少ないがマロラクティック発酵（MLF）、樽熟成を行うタイプもある。

香り／味わいの特徴 マスカット・オブ・アレキサンドリアを片親にもつことから、特徴的なテルペン系化合物の香り成分が多く含まれており、マスカットやライムなどの柑橘の香り、ジャスミン、白バラなどのフルーツと花の特徴香や白胡椒、石灰などの香りが感じられる。味わいはみずみずしく感じられるワインが多い。酸が主体的ではあるが酸量は6〜7g/L程度である。残糖は少ないため清涼感のあるシンプルな味わいに感じられる。アルコール度数も12〜13%程度が多い。余韻は短く軽やかな味わいであることが多い。

代表的な生産国 **アルゼンチン**
アンデス山麓の標高の高いエリアでブドウを栽培しており、トロンテスはその中でも特に標高の高いサルタ州で育てられている。カルチャキ・ヴァレーのカファジャテは標高1,500mを越える高地で代表産地であり、高地の冷気と強烈な日射しがブドウを育む。3,000mもの標高の高いエリアに存在する畑もある。

Koshu

提供：サントリー株式会社

品種名

甲州
Koshu

代表的なシノニム

なし

原産地　日本

外観上の特徴

大ぶりでやや長い房で中粒の果実、果皮は厚く紫紅色を
帯びた楕円形の白ブドウ

適した栽培環境　樹勢が強く湿気にも強い。耐病性がある。晩熟の品種で収穫時期は
9月中旬〜10月後半である。仕立ては伝統的な棚仕立てが多いが垣根栽培に取り組む生
産者も増えている。

醸造方法の一例　甲州はさまざまなタイプがあり、レモン、グレープフルーツのように香
るチオール系化合物の香りのあるタイプ、酵母の滓を利用したシュール・リー製法を用いた
味わい豊かなタイプ、樽熟成を行うタイプまで幅広い製法が試みられている。スキンコンタク
ト、醸し発酵によってオレンジに色づいたタイプもある。

香り／味わいの特徴　先に述べた通り醸造方法によって香りは大きく変化する。グレープフ
ルーツ、洋梨など控えめな第1アロマ、レモン、グレープフルーツのようなフルーティーな香
り、和柑橘と呼ばれるゆず、すだち、かぼすの香りがある。果皮由来の丁子（クローブ）の
香りがある。酵母由来のイーストの香り、日本酒のような吟醸香（リンゴ、バナナ、メロン）
がある。香りのトーンは控えめであることが特徴である。味わいは酸味、甘味共に柔らかに
感じられる。アルコールも11〜12％程度のものが多く全般的に低い。余韻にかけて酵母由
来と思われる旨味が感じられる。果皮からの苦味が感じられる場合があるが強くない。

代表的な生産国　**日本**

　ワイン用だけでなく生食用としても利用されるブドウであ
ることから、日本全国で栽培されている。特に山梨県が栽培
の中心地であり、甲州ブドウの96％が生産されている。そ
の他の産地としては山形県の庄内地方、大阪府の柏原市、
島根県などがある。さまざまな気候条件の産地で甲州らしい
特徴のあるワインが造られている。

提供：サントリー株式会社

品種名

ピノ・グリ
Pinot Gris

代表的なシノニム　ピノ・グリージョ（Pinot Grigio：イタリア）、グラウブルグンダー（Grauburgunder：ドイツ）、ルーレンダー（Ruländer：ドイツ、オーストリア）

原産地　フランス　ブルゴーニュ地方

外観上の特徴　小ぶりの房で小粒の果実、果皮は薄く灰色を帯びた赤紫色の丸型の白ブドウ

適した栽培環境　冷涼な産地が中心であったが、近年は温暖な気候の産地でも栽培されている。芽吹きは比較的早く早熟である。灰色カビ病やベト病に弱い。収穫時期は9月～10月で産地によって幅がある。フランスのアルザス地方、ドイツのバーデン地方、イタリア北部のフリウリ・ヴェネツィア・ジューリア州、トレンティーノ・アルト・アディジェ州が主な栽培地である。最近ではアメリカのオレゴン州やニュージーランドでもワインが生産されている。

醸造方法の一例　収穫後に除梗を行い、スキンコンタクトの実施は産地によって異なる。ソフトプレスで圧搾された後に低温にコントロールされたステンレスタンクでアルコール発酵されることが多い。アルザスでは樽熟成を経たハイレンジのタイプがある。

香り／味わいの特徴　オレンジ、洋梨、カリン、黄桃、パイナップル、蜂蜜のような香りから糖度の高さが連想できるフルーティーなものが多い。貴腐ブドウを連想させる揮発酸の鋭い酸の香りや、果皮からのスパイス様の香りがある。味わいは甘味が豊かに広がるワインが多く、フレッシュな酸とのバランスがとれている。後半にかけて苦味、コクが残るものが多い。

代表的な生産国　フランス

　原産地であるブルゴーニュ地方ではほとんど栽培されておらず、アルザス地方が栽培の中心である。シンプルな辛口ワインから、アルザス・グラン・クリュで造られるしっかりとした味わいで長期熟成が可能なワイン、遅摘みのブドウを用いたヴァンダンジュ・タルディーヴ、貴腐ブドウを用いたセレクション・ド・グラン・ノーブルなど幅広いワインが造られる。

Sémillon

提供：丹波ワイン株式会社

品種名

セミヨン
Sémillon

代表的なシノニム

なし

原産地　フランス　ボルドー地方

外観上の特徴

大ぶりの房で大粒の果実、果皮は薄く黄緑色を帯びた丸型の白ブドウ

適した栽培環境

　樹勢が強く早熟で、生産性の高い品種で気候にかかわらず安定した収量が得られる。灰色カビ病、黒とう病に弱いが、ベト病に耐性がある。果皮が薄いため貴腐菌がつきやすい。原産地であるボルドー地方では辛口、甘口用のブドウが栽培されている。辛口ワインでは単一で造られることはまれでソーヴィニヨン・ブランとブレンドされることが多い。甘口ではソーテルヌ地区などでセミヨンを主体として、貴腐ブドウを使用した貴腐ワインが生産されている。その他の産地としてオーストラリアのニュー・サウス・ウェールズ州ハンター・ヴァレー、西オーストラリアのマーガレット・リヴァーで辛口のワインが生産されている。収穫時期は北半球で9月、南半球では2月〜3月である。

醸造方法の一例

　ボルドー地方ではブドウを圧搾後、温度コントロールされたステンレスタンクなどでアルコール発酵。その後、ソーヴィニヨン・ブランなどとブレンドされる。木樽に移しマロラクティック発酵（MLF）を行い、一定期間樽熟成（6〜12か月程度）を行い、軽くフィルターをかけて瓶詰めされる。

　ハンター・ヴァレーでは夜間等に収穫されたブドウを圧搾後、温度コントロールされたステンレスタンクなどでアルコール発酵、その後、滓と共に静置することによって味わいを引き出している。比較的低アルコール（約11〜12%）で酸量の高い白ワインが造られている。

香り／味わいの特徴

　セミヨンはセミアロマティック品種であり、テルペン系の花の香り、ラクトン由来の白桃、カリン、パイナップルなどのストーンフルーツの香りが特徴である。ボルドーで造られるワインであれば樽由来の香りが付与される。

　ハンター・ヴァレーでは特に花の香り、滓との漬け込みからのイーストの香り、またペトロールのような灯油香、または焼けたアスファルトのような香りが感じられる。　味わいは収穫時のブドウの状態によるが、ボルドーであれば甘味とアルコールが感じられ、酸が抑えられている。樽由来の苦味が感じられ複雑である。一方でハンター・ヴァレーでは pH が低く酸度の高いブドウを用いているため、味わいは鋭角的な酸が中心であり残糖は少ない。酵母との漬け込みによる旨味が感じられる。アルコール度数は低いことが多いがそれを感じさせないふくよかな味わいとなる。

代表的な生産国

オーストラリア

　ニュー・サウス・ウェールズ州は人口が最も多い州であり、シドニーが州都である。そのニュー・サウス・ウェールズ州のハンター・ヴァレーは銘醸地として評価が高い。海風と雲によって暑さが和らぐ気候的な特徴があり、砂質、粘土質などの保水性の高い土壌であるので灌漑は不要であり、カビに弱いセミヨンに適している。

　西オーストラリア州のマーガレット・ヴァレーではソーヴィニヨン・ブランとブレンドしたボルドータイプのワインや貴腐ワイン、南オーストラリア州のバ

ロッサ・ヴァレーで早摘みによるフレッシュな味わいの特徴的なワインが造られている。

Muscadet

品種名
ミュスカデ
Muscadet

代表的なシノニム　ムロン・ド・ブルゴーニュ（Melon de Bourgogne：フランス）

原産地　フランス　ブルゴーニュ地方

外観上の特徴
小ぶりの房で小粒の果実、果皮は薄く黄緑色を帯びた丸型の白ブドウ

適した栽培環境　　早熟で収量が多い。霜に強いが灰色カビ病に弱い。栽培されているロワール地方ペイ・ナンテ地区は大西洋に近く、湿度の高い環境であり、霜害、収穫時期のカビが問題となるがミュスカデには適性がある。収穫時期は 8 月下旬〜 9 月である。

醸造方法の一例　　シュール・リー製法が中心である。ブドウを収穫し除梗、圧搾、果汁を温度コントロールされたステンレスタンクで 6 〜 9 週間かけてアルコール発酵をする。その後大樽、あるいはステンレスタンクで滓と共にシュール・リーを行い、滓引きを行った後に瓶詰めを行い出荷する。ミュスカデ・セーヴル・エ・メーヌの A.O.C. の規定として、収穫の翌年の 3 月〜 11 月末までの期間に瓶詰めすることが義務づけられているため、約 6 か月程度滓と共に静置することとなる。定期的にバトナージュ（撹拌）を行う。

香り／味わいの特徴　　ブドウ品種に特徴的な香りは存在せず、はっきりした第 1 アロマが感じにくいことが特徴である。レモン、ライム、グレープフルーツなどの柑橘系の香りがわずかに感じられる。果実の熟度によってリンゴ、洋梨の香りが感じられることがある。シュール・リー由来のイーストやチーズのような醸造由来の香りは特徴的に感じられる。ヨードの香りを伴うことがある。味わいは酸が中心であり、甘味はわずかで感じにくい。味わいの後半にはっきりとした旨味、塩味が感じられることが特徴的である。

代表的な生産国　　**フランス**
　ロワール地方にある 4 つのワイン産地のうち、最も河口寄りに位置するペイ・ナンテ地区で生産されている。ロワール川の河口に近いナント市を中心に、ミュスカデの産地が広がっている。大西洋側に近いブドウ畑では海に近いことから海風による味わいがもたらされ、塩味が感じられることがある。

品種名
グリューナー・ヴェルトリーナー
Grüner Veltliner

代表的なシノニム　なし

原産地　オーストリア（ニーダエスタライヒ州が起源という説あり）

外観上の特徴
中～大ぶりの円錐形の房で大粒の果実、果皮が厚く緑黄色を帯びた丸型の白ブドウ

適した栽培環境　樹勢が強いため収量のコントロールが必要である。開花期はデリケートで乾燥に弱い。ベト病やウドンコ病、栄養欠乏による白化を起こしやすい。収穫時期は9月下旬～10月である。栽培はオーストリアが中心だが、ハンガリー、スロバキア、チェコ共和国でも栽培されており、近年はオーストラリア、ニュージーランド、アメリカ、カナダにも拡大している。オーストリアの栽培地はレス土壌（黄土：砂漠や氷河に堆積した岩粉が風に運ばれ堆積したもの）でよく育つ。

醸造方法の一例　ブドウを収穫後に除梗、圧搾、果汁を温度コントロールされたステンレスタンクで発酵する。後に滓と共に一定期間シュール・リーを行う。期間は生産者によって異なるが6～10か月程度のものが多い。樽熟成を経たハイレンジのタイプがある。

香り／味わいの特徴　グレープフルーツ、リンゴ、洋梨など果実由来の第1アロマが感じられる。セージなどのハーブの香り、セロリやアスパラガスといった茎菜類の香り、白胡椒の特徴的な香りがある。白ブドウとしては珍しくロタンドンが果皮に含まれている。味わいはしっかりとした酸が中心にあるが、甘味が感じられバランスがとれている。後半に苦味とシュール・リー由来の旨味がある。白胡椒の香りはレトロネーザルとして感じられることが多い。

代表的な生産国　**オーストリア**
ニーダエスタライヒ州とブルグンラント北部で広く栽培されているが、中心的な産地はニーダエスタライヒ州のヴァッハウとカンプタールである。ヴァッハウのブドウ栽培面積のおよそ半分はグリューナー・ヴェルトリーナーであり、ドナウ渓谷の急斜面の畑の主に下方部で栽培されている。カンプタールは東のパノニア平原からの温風と北西からの冷風の影響を受け、冷涼感を感じさせる豊かな酸が特徴である。

Assyrtiko

品種名

アシルティコ
Assyrtiko

代表的なシノニム

なし

原産地 ギリシャ サントリーニ島

外観上の特徴

大ぶりの房で大粒の果実、果皮が厚く緑黄色を帯びた丸型の白ブドウ

適した栽培環境 皮が厚いため乾燥に強く病害に強い。日照量が高くとも酸の高い成熟したブドウを実らせることができる。ギリシャのサントリーニ島をはじめとした火山灰で覆われる火山灰土壌のエーゲ諸島の島々、北ギリシャのアミンデオン地区で栽培されている。サントリーニ島では、ブドウの生育期に吹く強風と強い日差しから房を守るため、枝葉をらせん状に巻き込むクルーラという仕立てによって栽培されている。ギリシャ以外では南オーストラリア州、カリフォルニア州でも栽培されている。収穫時期は8月下旬〜9月である。

醸造方法の一例 ブドウを収穫し除梗、圧搾、果汁を温度コントロールされたステンレスタンクで発酵後、滓と共にバトナージュをしつつ一定期間（3〜6か月）シュール・リーを行う。樽熟成を経たハイレンジのタイプもある。

香り／味わいの特徴 カリン、パイナップルのような糖度の高いフルーツからグレープフルーツのような酸の高い果実まで幅広い第1アロマが感じられる。酵母によるイーストの香り、海由来のヨードの香りも感じられる。高アルコールの場合が多く、揮発するアルコールの香りが感じられる。大陸で栽培されたアシルティコにはヨードの香りは感じられない。味わいは果実味が強くしっかりとした甘味と高いアルコール感がありボディが厚い。酸味は柔らかく苦味と強いコクがある。後半に塩味が感じられ複雑な余韻が続いていく。

代表的な生産国 **ギリシャ**

原産地であるサントリーニ島は本土から東南へ約200km離れたエーゲ海南部に位置した、火山が形成したカルデラ地形の一部でその外輪山にあたる。非常に乾燥した地中海性気候で雨はほとんど降らず病害虫の発生もほとんどない。サントリーニ島以外にもエーゲ諸島の島々、マケドニア、中央ギリシャ、ペロポネソス半島に至る産地に植えられている。

提供：丹波ワイン株式会社

品種名

シルヴァーナー
Sylvaner

代表的なシノニム　シルヴァネール（Sylvaner：フランス）ジルヴァーナー（Silvaner：ドイツ）、グリューナー・シルヴァーナー（Grüner Silvaner：ドイツ）、ヨハネスブルク（Johannisberg：スイス）

原産地　オーストリア

外観上の特徴　房は小ぶりで中粒の果実、果皮が厚く黄緑色を帯びた丸型の白ブドウ

適した栽培環境　樹勢が強く収量の管理が必要である。ブドウは早熟で霜への耐性が弱いため病害に侵されやすい。冷涼な気候に適しており、ドイツとフランスのアルザス地方が主要な栽培地である。ドイツのフランケンを除き、栽培地は減少している。フランケンでは、貝殻を中心とした堆積物による石灰岩土壌で栽培されている。収穫時期は8月下旬〜9月である。

醸造方法の一例　ブドウを収穫し除梗、圧搾、果汁を低温に温度コントロールされたステンレスタンクで発酵後、滓と共にバトナージュをしつつ一定期間シュール・リーをステンレスタンクで行う。シュール・リーの期間は生産者によって異なる。樽熟成を経たハイレンジのタイプもある。

香り／味わいの特徴　レモン、ライムのような柑橘類の香りが中心で、熟度の高いワインであればリンゴのニュアンスが感じられるが、いわゆる品種特徴香は弱い。セロリやアスパラガスといった茎菜類の香り、白胡椒などスパイスの香り、酵母によるイーストの香りがある場合がある。味わいは甘味が弱いため酸が主体的に感じられる。フレッシュさを感じるシンプルなワインが多い。余韻にかけてわずかに苦み、旨味が感じられる。

代表的な生産国　ドイツ

　フランケン、ラインヘッセン、ファルツなどの産地で栽培されている。代表産地であるフランケンは寒暖差のある大陸性気候であり、フランクフルトの東に位置し、ブドウはマイン川とその支流の川の南斜面で栽培されている。ボックスボイテルと呼ばれるずんぐりと丸みを帯びた独特な形状のボトルが用いられることが多い。

Rkatsiteli

品種名

ルカツィテリ
Rkatsiteli

代表的なシノニム

モルドバに複数あり

原産地　ジョージア　カヘティ地方

外観上の特徴

大ぶりの房で果実は小粒、果皮が厚く黄緑色を帯びた
丸型の白ブドウ

適した栽培環境　　晩熟だが酸が保たれる特徴があり、フィロキセラに強く耐寒性がある。ジョージアを中心にウクライナ、モルドバ、アルメニア、ブルガリア、ロシアでも栽培されている。芽吹きが遅く寒さに強いことから、コーカサス地方など冬の寒さが厳しい地域で多く栽培されている。収穫時期は9月中旬〜10月中旬である。

醸造方法の一例　　伝統的な醸造方法では、収穫されたブドウの圧搾は行わず、クヴェヴリ内で長期のアルコール発酵（約3か月）を行い、終了後もクヴェヴリ内で長期熟成を行う（約6か月）。その後、濾過は行わずそのまま瓶詰めし出荷する。長期の醸しを行わない一般的なヨーロッパ式の醸造方法による白ワインも造られている。

香り／味わいの特徴　　伝統的製法で造られる場合は、果皮との接触の長さから特徴的な第1アロマが現れる。アプリコット、カリン、オレンジ、柿の香り、熟成による紅茶の茶葉の香り、揮発酸、セメダインのような香りが感じられることがある。醸し、時間経過が香りに現れている。味わいは甘味があり、酸は柔らかく変化している。醸しによる強い苦味が特徴的にあり、通常の白ワインではほぼ感じることのない軽度の収れん性が感じられる。

代表的な生産国　　**ジョージア**

　カヘティ地方の在来種であるため、カヘティ、カルトリを中心に全土で栽培されている。カヘティは首都トビリシのあるカルトリ地方の東にあるジョージア最大のワイン産地であり、総生産量の約80%を占める。大陸性気候で乾燥しており、夏は暑く冬は温暖であり、ルカツィテリには適した環境である。

品種名

アルネイス
Arneis

代表的なシノニム

なし

原産地 イタリア　ピエモンテ州

外観上の特徴

小～中ぶりの円錐形の房で中粒の果実、果皮が厚く緑黄色を帯びた楕円形の白ブドウ

適した栽培環境 早熟で収量が低く、ウドンコ病などの病気にかかりやすい。暖かい年には酸を維持するのが困難で栽培が難しい。収穫時期は9月中旬～下旬である。

醸造方法の一例 収穫後に除梗、圧搾を行い、果汁を冷却し清澄化し、その後に低温にコントロールされたステンレスタンクでアルコール発酵を行う。発酵終了後は低温を維持し、シュール・リーを行う（約4～5か月程度）。夏前に瓶詰めを行う。

香り／味わいの特徴 香りはレモン、ライム、グレープフルーツなどの柑橘系の第1アロマが感じられる。シュール・リーによるイーストや白玉のような香りが感じられることがある。味わいは酸が主体的であり、甘味が比較的感じられるフルーティーなタイプから、残糖がほとんどないドライなタイプまで幅がある。多くのワインでは旨味、苦味が感じられ厚みのある味わいに感じられる。

代表的な生産国 **イタリア**

　ピエモンテ州クーネオ県を中心に栽培されており、ロエロ D.O.C.G.、ランゲ D.O.C. でブドウ品種として認定されている。

　クーネオ県のアルバの北西、ロエロの丘陵地周辺の白亜質の砂質土壌ではしっかりとした酸が保たれ、粘土質の土壌では上品で独特の芳香豊かなワインが生み出されると言われている。

Cortese

提供：丹波ワイン株式会社

品種名

コルテーゼ
Cortese

代表的なシノニム

なし

原産地　イタリア　ピエモンテ州

外観上の特徴

大ぶりの房で小粒の果実、果皮は薄く緑黄色を帯びたわずかに楕円形の白ブドウ

適した栽培環境　樹勢が強く収量を制限する必要がある。病害に強い。暑い年でも酸が保たれるため温暖な気候に適している。石灰質から粘土質まで幅広い栽培適性があり、収穫は 9 月中旬〜下旬に行う。

醸造方法の一例　収穫後に除梗、圧搾を行い、果汁を冷却し清澄化、その後に低温にコントロールされたステンレスタンクでアルコール発酵を行う。発酵終了後は低温を維持し、シュール・リーを行う（約 2 〜 3 か月程度）。春頃に瓶詰めを行う。

香り／味わいの特徴　香りはリンゴやグレープフルーツ、洋梨など果実の香りが感じられ、ジャスミンのようなフローラルな第 1 アロマが感じられる。シュール・リーからのイーストの香りが感じられる場合がある。味わいは酸が主体的だが、甘味がありフルーティーに感じられる味わいである。後半にかけてわずかに苦味が感じられる。シュール・リーの旨味がある場合もある。

代表的な生産国　**イタリア**

ピエモンテ州の南東部、アレッサンドリア県とアスティ県で栽培されており、ガヴィ／コルテーゼ・ディ・ガヴィ D.O.C.G.、コルテーゼ・デッラルト・モンフェッラート D.O.C. とコッリ・トルトネージ D.O.C. で認定されている。栽培しやすいことからロンバルディア州、ヴェネト州など栽培地域は広い。

提供：サントリー株式会社

品種名

ゲヴュルツトラミネール
Gewürztraminer

代表的なシノニム

トラミネール（Trammener：イタリア）など複数あり

原産地 イタリア トレンティーノ・アルト・アディジェ州

外観上の特徴

小ぶりの房で小粒の果実、果皮は厚く淡いピンク色を帯びた円形のブドウ

Gewürztraminer

適した栽培環境 芽吹きが早く霜の影響を受けやすい。乾燥した温暖な環境下でゆっくり成熟する。糖度が上がりやすいが、同時に酸が低下しやすい。樹勢は強いが病害に弱い。フランスのアルザス地方、ドイツ、オーストリアなどのヨーロッパから近年はアメリカ北部、オーストラリア、ニュージーランド、チリ、日本など幅広く栽培されている。北半球の収穫時期は9月〜10月中旬である。遅摘みの場合は11月頃である。

醸造方法の一例 収穫後に除梗、圧搾を行い、果汁を清澄させ、その後に低温にコントロールされたステンレスタンクでアルコール発酵を行う。発酵終了後は自然に清澄させる。春頃に軽く濾過し瓶詰めし一定期間瓶内で熟成させて出荷する。

香り／味わいの特徴 香りは非常に華やかでテルペン系の香りが感じられる。ライチやトロピカルフルーツ、青リンゴなどのフルーツの香り、白バラ、ジャスミンのフローラルな香りが感じられる。胡椒、コリアンダーなどのスパイシーな香りが感じられることがある。香りから糖度の高さが感じられる。味わいははっきりとした豊かな甘味が感じられ、酸は柔らかである。アルコールは高いことが多くボディに厚みを与える。後半に苦味を伴う。

代表的な生産国 **フランス**

代表的な産地はアルザス地方である。標高が高く冷涼で乾燥しており、日照量が多く保水性の高い粘土質土壌は、芽吹きが早く成熟が早いゲヴュルツトラミネールの栽培に適している。

辛口ワインに加え、貴腐ワインや遅摘みのブドウを使用した極甘口ワインも造られている。

Cabernet Sauvignon

提供：サントリー株式会社

品種名

カベルネ・ソーヴィニヨン
Cabernet Sauvignon

代表的なシノニム

ヴィドゥル（Vidure：フランス）など

原産地　フランス　ボルドー地方

外観上の特徴

小ぶりの円錐型の房で小粒の果実、果皮が厚く紫黒色を帯びた円形の黒ブドウ

適した栽培環境

　発芽が遅いため霜の影響を受けにくい。収量は低い。耐寒性が強く、病害や害虫に対する抵抗性が強い。果実の成熟には時間がかかり、メルロやカベルネ・フランよりも1～2週間ほど遅い晩熟品種である。収穫時期は北半球で9月下旬～10月中旬、南半球では3月下旬～4月である。冷涼地から温暖地まで幅広い産地特性があり良質なワインを造ることができる。200ha 以上の栽培面積をもつ国の数は29か国でブドウ品種としては4位である（O.I.V.2017）。

醸造方法の一例

　ブドウの収穫後の醸造によって抽出されるタンニン量が異なる。さまざまな方法があるが、アルコール発酵前にプレ・マセレーションを行うことで果皮からの色素（アントシアニン）の抽出を行う場合がある。アルコール発酵中の温度管理もさまざまで、比較的高め（30度以上）にすることで果皮、種子からの強いタンニンの抽出が可能になる。一方低温（25～28度など）にコントロールすることで香り成分が残りやすくなる。アルコール発酵後はステンレスタンクあるいは木樽でマロラクティック発酵（MLF）が行われる。ボルドーでは12か月以上、それ以外の産地でも類する期間の樽熟成が行われ、木樽からのタンニンの抽出が行われる。新樽の使用率は生産者やアイテムによって異なる。

香り／味わいの特徴

　品種を特徴づける香りとしてピーマン、ミント、ゴボウと表現されるメトキシピラジン類による香りが感じられる。この香り成分は果梗

（ブドウの房の軸の部分）に53％存在しており、残りは果実に存在するが、果実に存在するうちの70％は果皮の内側、30％は種子に存在している。この成分は日照を浴びた果実の成熟と共に減少するため、冷涼な産地でこの香りが残る傾向にあり、温暖かつ日照量豊かな産地ではあまり感じられないことがある。生産者の栽培上の取り組み、醸造上の工夫で香りの発現に差が生じている。第1アロマとしてはブラックベリー、カシスの香りが感じられる。温暖な気候のワインであればブラックチェリー、プルーンのような甘味を感じさせる香りとなる。しっかりとした樽熟成が行われるワインが多く、ヴァニラ、杉などの木材、ロースト、丁子（クローブ）などのスパイスの香りがとれる。味わいは高い酸と収れん性が特徴である。口内を締めつけるほど強いタンニンが感じられつつ高い酸が共存するのは他の品種にない特徴である。カリフォルニアを代表とする温暖な産地では糖度が高くなり甘味、アルコールが高くなる。

代表的な生産国

フランス

ボルドー地方、ラングドック・ルーション地方を中心に栽培されている。ボルドー地方では複数の品種をブレンドすることが一般的であり、メルロ、カベルネ・フラン、プティ・ヴェルドとブレンドされる。カベルネ・ソーヴィニヨンはメドック地方、特にジロンド川左岸のメドックからグラーヴにわたる地域が中心である。昨今はメルロの生産が増加しており、カベルネ・ソーヴィニヨンのブレンド比率が低下している現状がある。またファーストラベル、セカンドラベル、サードラベルとランクを分けてワインを生産しているシャトーもあるが、ランクが下がるほどカベルネ・ソーヴィニヨンの比率が低下する傾向があり、

カベルネ・ソーヴィニヨンの比率が75％を超えるワインを手に入れようと思うと高額になる。ボルドーではメトキシピラジン類の香りをはっきり感じられるワインが多い。樽熟成による大変素晴らしい香りがあり、木から腐葉土、森を感じさせるボルドーらしい香りは独特で魅了される。グレートヴィンテージと呼ばれる気候条件の良い年は糖度、アルコールが高くなる。そのような場合でもしっかりとした酸が存在し長期熟成しても味わいのバランスがとれるワインが造られている。

左側縦書き：Cabernet Sauvignon

オーストラリア

　南オーストラリア州のクナワラ、バロッサ・ヴァレー、マクラーレン・ヴェイル、西オーストラリア州のマーガレット・リヴァーで質の高いワインが造られている。シラーとのブレンドが行われる場合がある。

　メトキシピラジン類の特徴的な香りが感じられることに加えてユーカリ（シネオール）の香りが顕著に感じられる。オーストラリアはユーカリの一大産地でありブドウ畑と近接している場合がある。ユーカリの木の精油にはシネオールという香り成分があり、ユーカリプトール（Eucalyptol）とも呼ばれる。爽やかな香りが特徴で、メントール、樟脳と表現される。殺菌作用や抗炎症作用、鎮痛・鎮静作用があるとされ、医薬品やアロマテラピーなどに用いられている。シネオールはローリエ、ヨモギ、バジリコ、ニガヨモギ、ローズマリー、セージなどの葉にも含まれる。AWRI（オーストラリアワイン研究所）の研究ではユーカリとブドウ畑の位置が近い場合、発酵時の醸しを長く行うことでワイン中のシネオールの濃度が高まることが確認されている。またシネオール自体がメントール系の香りを増強し、メトキシピラジン類が存在する場合は青ピーマンの香りを増強させ、両方の成分が存在する場合は緑系全般の香りをより高めることが示されており、他の地域よりも特にグリーンの香りが強く感じられることが多い。

アメリカ

　ナパ・カウンティ、ソノマ・カウンティ、サン・ルイス・オビスポ・カウンティ、ローダイ／サン・ホアキン・カウンティで高品質のワインが造られている。カリフォルニア州サンフランシスコの年間日照時間は3,000時間を超え、4月〜9月までの半年間で雨が降る日数はわずか14.8日（1981年から2010年まで30年間の平均値、NOAA〈アメリカ海洋大気庁〉）である。このように大変気候条件が良いこともあり完熟したブドウが実り、メトキシピラジン類の香りをワインから感じることは少なくなっている。糖度の上昇と共にアルコール度数が高いものが多く、14%を超すワインは少なくない。糖度とのバランスがとれた豊かな酸が感じられる素晴らしいワインが存在する。また醸造上の特徴として樽からの印象が強く付与されることが多い。フレンチオークだけでなくアメリカンオークが用いられることがある。

チリ

産地の個性が感じられる素晴らしいカベルネ・ソーヴィニヨンが造られており、近年高い評価が得られている。栽培面積もアメリカを抜きフランスに次ぐ2位に浮上しており、一大産地となっている。アコンカグア、コルチャグア、マイポといった産地が中心である。

チリの産地の特徴はアンデス山脈から流れる川沿いの斜面に産地が形成されている。日照時間はカリフォルニアと同程度に長く、降水量が少ない。アンデスからの雪解け水によって灌漑を行うことでブドウ

栽培を行うことができる。日照量を十分に浴びたブドウが栽培されるため、ポリフェノールが多くかつ酸度が高く保たれている点が大きな特徴である。アルコール度数は14％を超えるものもあるが、近年は13％台に保たれているワインが主流である。メトキシピラジン類をはじめとするハーブ系の香りとカシス系の香り、焙煎したコーヒー、煙のような独特の香りが感じられる。樽はフレンチオークが多く用いられているためヴァニラ系の香りが感じられる。

品種の豆知識

シャルドネの語源はブルゴーニュ南部のマコネ地区のウシジのそばにあった村名 "Chardonnay" が由来である。遺伝学的にはピノ・ノワールとグーエ・ブランの子供でありガメイとはきょうだい関係。アリゴテ、ミュスカデとも近似性がある（**257** ページ参照）。確かにシャルドネ、アリゴテ、ミュスカデはブラインドで間違えることが多い。

Pinot Noir

提供：サントリー株式会社

品種名

ピノ・ノワール
Pinot Noir

代表的なシノニム　グロ・ノワリアン（Gros Noirien：フランス）、シュペートブルグンダー（Spätburgunder：ドイツ）、ブラウブルグンダー（Blauburgunder：スイス）、ブラウアー・ブルグンダー（Blauer Burgunder：オーストリア）、ピノ・ネロ（Pinot Nero：イタリア）

原産地　フランス　ブルゴーニュ地方

外観上の特徴　小ぶりの円錐形の房で中粒の果実、果皮が薄く紫黒色を帯びた円形の黒ブドウ

適した栽培環境　　一般的には栽培が難しいとされている。密着粒であるためカビの繁殖、病虫害、天候災害を受けやすく、早熟であるため霜害の影響を受ける。日本の北海道の平均気温が上昇したため良質なブドウが育つようになっている。収穫時期は北半球では9月、南半球では3月である。200ha 以上の栽培面積をもつ国の数は18 か国でブドウ品種としては6 位である（O.I.V.2017）。

醸造方法の一例　　芳香豊かな品種であるため、他の黒ブドウ品種と異なった醸造工程が行われることがある。アルコール発酵の前にコールド・マセレーション（プレ・マセレーション）を行うことで果皮由来のアントシアニン、タンニンおよび他のフェノール組成物などの成分の抽出が行われる。ブドウを除梗せず全房発酵を行うことがあるが、その場合収れん性を増加させ、ワインの口当たりを複雑にし軽いボディであればワインのテクスチャーを改善させる。香りにおいては植物や丁字（クローブ）などの香りが付与される。またセニエ法によって果汁を少なくすることで果皮からのフェノール抽出効率を向上させる方法も行われている。

香り／味わいの特徴　　赤系果実の香りが品種の特徴香であり、ラズベリー、ストロベリーといった香りが存在する。また、ゼラニウム、バラ、スミレといったβ-ダマセノンなどによる花系の香りが感じられる。花系の香りは醸し、熟成によって残りにくいため、果実の熟度が高い温暖な産地の場合はレッドチェリーやカシスのように熟した果実の香りと

なる。樽熟成は生産地域、生産者によって考え方はさまざまだが、冷涼産地であれば新樽よりも旧樽を用いて樽の風味の付与は最小限であることが多い。また樽は用いずジャーと呼ばれるアンフォラで熟成させるブルゴーニュの生産者もいる。これは樽成分をワイン中に醸すことなく酸化を経ることが目的であり、このような造りによって紅茶や枯葉、腐葉土など木樽によらない第3アロマが顕著に感じられるワインとなる。一方で成熟したブドウによる濃厚なピノ・ノワールが造られる産地では、新樽を用いてより強い香りと味わいを付与している醸造が行われている。このような造りであればヴァニラ、杉などの木樽の香りが感じられる。

代表的な生産国

フランス

　ブルゴーニュ地方が中心的な産地だが、アルザス地方、ロワール地方のサンセールなどの栽培地がある。

　ブルゴーニュ地方ではコート・ドールの北から南まで多くの銘醸地があり愛好家を惹きつけている。コート・ドールの産地は非常に細分化された原産地呼称名をもっており、この点で世界に類を見ない。最も狭い区画はヴォーヌ・ロマネ村のラ・ロマネで0.84haである。ここまで細分化することができるのは古からの歴史があり、それを受け入れる風土があったのだろう。長い歴史を継承した多くの生産者がさまざまなワインを造っているが、地方名、村名、1級、特級というヒエラルキーがあり、味わいもそこに比するように感じられることに驚かされる。格付けが低いと若々しく果実味中心、格が高くなるにつれ第3アロマによる複雑さが加えられ、しっかりとした果実の甘味、凝縮感が現れ苦味、コクなどによって強い味わいを生み出している。熟成させることによって時間経過が香り、味わいに変化を加える。

　ロワール地方サンセールのピノ・ノワールはブルゴーニュで製造されているワインに比べて軽やかな香り、味わいのワインが多いが、アルザス地方ではブルゴーニュやボージョレのガメイのような厚みのある味わいのワインが増えている。

Pinot Noir

ニュージーランド

　国をあげてのワイン生産の増進政策によってソーヴィニヨン・ブランに次ぐ品種として栽培が盛んになった。栽培適地としては特に北島のワイララパのマーティンボロー、南島最南端のセントラル・オタゴが注目されている。マーティンボローは北島の他のワイン生産地域と比べて気温がかなり低く、収穫期の雨量は最も少ないため、ブルゴーニュに似たピノ・ノワールを造ることができる。セントラル・オタゴは、夏と初秋の乾燥した天候と夏の強い日差しが特徴である。そのためブドウの果皮が成熟し果皮中のフェ

ノールが増加し、タンニンによる味わいが骨格をもたらす。糖度、アルコール度数も比較的高い傾向にある。

ドイツ

　シュペートブルグンダー（Spätburgunder）と呼ばれており、最も広範に栽培される黒ブドウ品種として存在感が高まっている。バーデンやファルツ、アールといった地域において従来よりも色味が濃く厚みのある赤ワインが生産されるようになってきており、小樽で熟成させる生産者が増えている。ファルツはラインヘッセンに次ぐ2番目に大きい産地で、ドイツの中では温暖な気候であるため赤ワインを多く生産している。アールはドイツ西部の小さな産地である。アイフェル山地によって雨から守られ、赤ワイン

の生産に適した気候である。バーデンではハイレンジの赤ワインが製造されており、協同組合方式の生産構造も健在だが、ブルゴーニュのスタイルを導入したドメーヌ型のワイン生産が近年注目を集めている。果実感がありしっかりしたスタイルからフランスのロワール地方サンセールのような軽やかなワインを造る生産者まで幅広い。

アメリカ

　ブルゴーニュとは異なる香り、味わいのスタイルを
もっている。最もピノ・ノワールを栽培しているのはカ
リフォルニア州であり、2番目はオレゴン州である。

　カリフォルニア州は日照時間が長く雨があまり降ら
ないため、他の産地にない完熟したブドウの印象が
感じられる。糖度が高くアルコールも14.5%といっ
た高いものが多い。樽の風味は生産者によってさま
ざまで新樽がしっかり感じられるタイプから旧樽を用
いてブルゴーニュに寄せたスタイルまで幅広い。

　オレゴン州はカリフォルニア州に比べて冷涼で雲
が多く日照時間が少ない。降雨もカリフォルニア州よりも多いが、降雨期はブドウの生育期
間と収穫期を外れているため、ピノ・ノワールに適している。フランスのブルゴーニュ地方と
ほぼ同じ緯度にあり、冷涼な気候を生かしたブドウ栽培が行われている。カリフォルニア州
のワインと異なり、糖分は高くなりすぎずアルコールも13.5%前後に抑えられており、ブル
ゴーニュ地方のようなはっきりとした酸が感じられる。カリフォルニアと比べて赤系果実の印
象が強く感じられ落ち着いた印象がある。

Syrah

提供：丹波ワイン株式会社

品種名

シラー
Syrah

代表的なシノニム

セリーヌ（Serine：フランス）、シラーズ（Shiraz：オーストラリア）

原産地　フランス　ローヌ地方北部

外観上の特徴

中ぶりの円錐形の房で小粒の果実、果皮が厚く紫黒色を帯びた円形の黒ブドウ

適した栽培環境

　萌芽は遅いが成熟は早く耐病性はやや強い。穏やかな気候から高温の気候まで幅広い産地での栽培が可能であり、特に酷暑、乾燥地でも栽培が行えることから生産国は増加している。収穫時期は北半球では9月、南半球では2月下旬〜4月である。200ha以上の栽培面積をもつ国の数は31か国でブドウ品種としては3位である（O.I.V.2017）。

醸造方法の一例

　フランスのローヌ地方では、収穫後に除梗し、温度コントロールされたステンレスタンクでアルコール発酵を行う。発酵後の醸し期間を含めて2〜3週間程度、その後マロラクティック発酵（MLF）を実施する。アイテムによって新樽比率は異なり、ハイレンジのアイテムであれば50%以上に新樽が用いられ、1〜3年程度の熟成期間を経る。オーストラリアの南オーストラリア州の各産地ではアメリカンオークを用いて1〜2年程度の樽熟成が行われる。

香り／味わいの特徴

　産地の気候によってその香りやスタイルが大きく異なることがシラーの特徴である。特に果皮由来成分のロタンドンのもたらす黒胡椒の香りに特徴がある。AWRI（オーストラリアワイン研究所）によるとロタンドンは非常に安定した物質で容易に果皮から抽出されることがわかっている。冷涼な地域と冷涼な季節に栽培されたブドウに多く含まれ、ヴェレゾンから収穫までの冷涼な栽培条件で増加し、日照量が多いと減少する。日本のシラーではロタンドンの生成量が多いことが報告されている。なおロタンドンの嗅覚の感

受性は個人差が大きく、約20％の人はほぼ感じられない。黒胡椒以外の香りも冷涼、温暖産地で差が感じられる。冷涼地であればスミレの香りが特徴的に感じられ、フルーツとしてはブラックベリー、カシス、ブルーベリーの香りがある。ローヌ地方のコート・ロティのシラーであれば、ピノ・ノワールと見紛うエレガントなスタイルのワインがある。また馬小屋臭、ジビエ臭と呼ばれるブレタノミセス酵母（エチルフェノール生成菌）が産生する特徴的な香りが感じられることもローヌ地方のシラーの特徴である。醸造環境、または樽の影響でこのような香りが生じると言われているが、年々軽減しているように感じている。味わいは豊かな酸と甘味によってフレッシュな果実の印象を感じる。カベルネ・ソーヴィニヨンと間違うことが多いが、収れんする強いタンニンは少ない。苦味、コクによって味わいのバランスがとられている。

代表的な生産国

フランス

　ローヌ地方北部が中心的な産地である。エルミタージュ、コルナス、コート・ロティが銘醸地として知られているが、ブラインドではクローズ・エルミタージュが標準的なシラーと考えている。ローヌ川によって浸食され形成された渓谷の斜面にブドウ畑があり、斜面の向き、傾斜の程度、土壌の質の違いによってブドウの成熟度が変化するためワインの味わいに影響を与える。エルミタージュは力強い、コート・ロティはエレガントでフルーティーなスタイルである。

オーストラリア

　1832年にジェームズ・バズビーが苗木を植樹してから、現在ではフランスに次ぐシラーの一大産地となった。南オーストラリア州が中心的な産地であり、バロッサ・ヴァレーのシラーは濃厚で果実感豊かであり、チョコレートや黒胡椒などのスパイスの香りのあるフルボディのワインが造られており、典型的なスタイルと考えることができる。黒胡椒の香りは環境によってその含有濃度が変わってくるので香りの強弱に差がある。カベルネ・ソーヴィニヨンと同様にユーカリの香りが感じとれることが多い。他にもアデレード・ヒルズ、クナワラといった産地がある。西オーストラリア州のマーガレット・リヴァーでは、アルコール度数がやや低めで南オーストラリア州のそれに比べるとエレガントなタイプのワインが生産されている。

Tempranillo

品種名
テンプラニーリョ
Tempranillo

代表的なシノニム センシベル（Cencibel：スペイン カスティーリャ・ラ・マンチャ）、ティント・フィノ（Tinto Fino：スペイン リベラ・デル・ドゥエロ）、ティンタ・デ・トロ（Tinta de Toro：スペイン トロ）、ウル・デ・リュブレ（Ull de Llebre：スペイン ペネデス）、ティンタ・ロリス（Tinta Roriz：ポルトガル）、アラゴネス（Aragonez：ポルトガル）など

原産地 スペイン リオハ

外観上の特徴 細長く大ぶりな円筒型の房で小粒な果実、果皮が厚く紫黒色を帯びた円形の黒ブドウ

適した栽培環境 標高の高い場所でよく育ち、日照量が多い温暖な気候に適性がある。害虫や病気に弱いが、芽吹きが遅いため春の遅霜の被害は受けにくい。生育期間が非常に短く成熟が早い。収穫時期は8月〜9月中旬である。生産国は増加しており、200ha以上の栽培面積をもつ国の数は17か国でブドウ品種としてはグルナッシュと同じく7位である（O.I.V.2017）。

醸造方法の一例 収穫後は果皮と共に温度コントロール（26〜30度）されたステンレスタンクでアルコール発酵を行い、タンク内での醸し期間はワイナリーによって異なる。アルコール発酵後にエクステンデッド・マセレーションが行われることがある。マロラクティック発酵（MLF）の後、樽熟成が行われるが、スペインでは熟成期間が定められており、クリアンサは24か月の熟成期間が必要で、うち6か月はオーク樽で熟成し、レゼルバは36か月の熟成期間のうち12か月はオーク樽で熟成、グラン・レゼルバは、60か月の長期熟成が必要であり、うち18か月はオーク樽で熟成と規定されている。アメリカンオーク、あるいはフレンチオークのさまざまなサイズで樽熟成が行われ、一方のみを用いる場合、両種類の樽を用いブレンドを行う生産者などさまざまである。

香り／味わいの特徴 第1アロマより熟成による時間経過や第3アロマが強く感じられることが特徴である。アメリカンオークが用いられている場合はココナッツミルク、コーヒーミルクのようなオークラクトンの香りが強

く感じられる。またブドウも熟成の程度によってブルーベリー、プラム、プルーンのような香りから時間経過によりレーズンやドライイチジクなど干された印象まで幅広く感じられる。またタバコ、シガーやなめし皮などの第3アロマが感じられる。味わいは酸が柔らかく変化しており豊かな甘味が感じられる。タンニンは抽出の程度と熟成期間の長さによって変化するが、柔らかいタンニンと心地よい苦味によってバランスがとられているワインから、収れんする強いタンニンを備えるワイン、樽を焦がしたような苦味を感じさせるワインまで幅広いスタイルが存在する。

代表的な生産国

スペイン

　スペイン北部からスペイン南部のラ・マンチャまで広く栽培されているが、特にリオハとリベラ・デル・ドゥエロが銘醸地として名高い。リオハはフランスのボルドー地方から高度な醸造技術がもたらされたことにより、急速に発展した。リオハの中でも上質なワインを造ると言われるリオハ・アルタは標高400〜700mに畑があり、一年にわたって穏やかな気候が保たれ、ブドウの生育に適している。リベラ・デル・ドゥエロは標高約750〜900mの高地に畑があり日中の寒暖差の大きい産地である。ブドウは強い日照量と高い温度、さらに寒暖差によって酸が保たれつつ短期間で成熟できる。東部にあるカタルーニャ州のペネデス、北中部のナバーラ、中南部のカスティーリャ・ラ・マンチャ州にあるバルデペーニャスなどでも栽培されているが、各地域でテンプラニーリョの呼び名が異なる。

Sangiovese

提供：丹波ワイン株式会社

品種名

サンジョヴェーゼ
Sangiovese

代表的なシノニム　ブルネッロ(Brunello：イタリア ブルネッ
ロ・ディ・モンタルチーノ)、プルニョーロ・ジェンティーレ
(Prugnolo Gentile：イタリア ヴィーノ・ノビレ・ディ・モンテプ
ルチャーノ)、モレッリーノ(Morellino：イタリア モレッリーノ・
ディ・スカンサーノ)、ニエルキオ(Nielluccio：フランス コル
シカ島)など

原産地　イタリア　トスカーナ州

外観上の特徴　中ぶりの円錐型の房で小粒な果実、果皮
が薄く赤紫色を帯びた円形の黒ブドウ

適した栽培環境　ブドウの発芽が早い反面、熟すのが遅いため長めの生育期間
が必要となる。気候によってブドウの成熟は大きく影響を受け、気
候に恵まれた暑い年には果実の成熟が進み糖度の高いブドウとな
るが、雨が多く冷涼な年は酸度が高くなり未成熟なタンニンが残る。
ブドウの果皮が薄いため、収穫時期に雨が降りやすい地域では、
腐敗のリスクが高くなる。難しい品種であるためクローンの改良
が進んでいる。樹勢が強いためブドウの収量を抑える必要があり、
肥沃でない土地での栽培に適している。収穫時期は9月中旬〜
10月である。

醸造方法の一例　代表産地であるキアンティ・クラッシコでは、収穫後に徐梗し、
温度コントロール(26〜30度)されたステンレスタンクでアル
コール発酵・浸漬を16〜20日間行う。後にマロラクティック発酵
(MLF)が行われる。その後はステンレスタンクやフレンチオーク
の新樽や旧樽、またはスラヴォニアンオークの大樽、セメントタン
クなど生産者によってさまざまな保管容器で12か月程度熟成を行
う。ブルネッロ・ディ・モンタルチーノでは、さらに長期間の熟成
が行われ、50か月以上、うち木樽を用いて2年以上、瓶内4か
月以上の熟成期間が規定されている。

香り／味わいの特徴　赤系果実の第1アロマが感じられることが多いが、熟成の工
程が長く行われたワインでは第3アロマが強く感じられる場合が
ある。第1アロマとしては、レッドチェリー、ラズベリー、アセロ

ラ、ドライローズ、イチジク、ドライトマト、レーズンなどが感じられ、第3アロマとしては、焼けた果皮の香り、なめし皮、藁、ゴム、樽の香りがある。味わいは酸が中心的に感じられることが特徴である。残糖は少ない場合が多い。残糖が少ない場合は苦味が強く感じられる。一方ハイレンジなアイテムでは豊かな甘味が感じられることが多い。若いヴィンテージであれば荒々しい収れん性が感じられるワインがあるが、熟成と共に落ち着いていく。

代表的な生産国

イタリア

トスカーナ州が代表的産地である。その中に特徴的な産地がいくつもあるが、ブラインドのベンチマークとして押さえるべきはキアンティ・クラッシコである。フィレンツェとシエナの間に広がるキアンティ・クラッシコはサンジョヴェーゼの比率が80％以上という規定がある。

ブルネッロ・ディ・モンタルチーノはブルネッロ（シノニム参照）またはサンジョベーゼ・グロッソと呼ばれるサンジョベーゼの亜種を100％用いる必要があり、さらにキアンティ・クラッシコよりも熟成の要件が厳しく50か月以上、うち木樽で2年以上、瓶内4か月以上の熟成期間が規定されており、果実の熟度が高く熟成を経た上質なワインと位置づけられている。

ヴィーノ・ノビレ・ディ・モンテプルチャーノはモンテプルチャーノ周辺の産地であり、プルニョーロ・ジェンティーレ（シノニム参照）の比率が70％以上と規定されている。

モレッリーノ・ディ・スカンサーノはトスカーナ州南部の産地であり、海側の海洋性気候の影響を受ける。モレッリーノ（シノニム参照）で果実味豊かでしっかりした赤ワインが造られる。

Merlot

提供：サントリー株式会社

品種名

メルロ
Merlot

代表的なシノニム

なし

原産地　フランス　ボルドー地方

外観上の特徴

大ぶりの円錐型の房で中粒の果実、果皮はやや薄く紫黒色を帯びた円形の黒ブドウ

適した栽培環境

カベルネ・ソーヴィニヨンよりも2週間早く成熟すると言われ、糖度が上がりやすく収量も多い。耐病性があると言われているが、早期に発芽する傾向があり遅霜のリスクがある。水はけの良い土壌、また粘土質に適性がある。収穫時期は9月上旬〜10月中旬である。生産国数は増加しており、200ha以上の栽培面積をもつ国の数は37か国でブドウ品種としては2位である（O.I.V.2017）。

醸造方法の一例

収穫後に除梗を行い、温度コントロール（28〜30度）されたステンレスタンクで10〜13日程度のアルコール発酵が行われる。発酵後は圧搾を行い木樽にてマロラクティック発酵（MLF）が行われる。その後12〜18か月程度樽熟成が行われる。旧樽と新樽の比率は生産者によって異なる。

香り／味わいの特徴

果実の印象が豊かで、ブラックチェリー、ブルーベリー、カシス、プルーンやスミレやオリーブ、ミントやタイム、シソなどの第1アロマが感じられる。メトキシピラジン類による香りは、産地によって感じられないことがある。第3アロマは産地によって異なるが、ヴァニラ、チョコレート、シガー、ローストなどの樽由来の香りから、オールドワールドのメルロでは腐葉土、キノコなどの香りが感じられることがある。果実の濃厚な味わいが感じられ、酸味は柔らかに感じられる。収れんするタンニンは強すぎず樽由来の苦味が感じられる。

日本

　長野県、山梨県、北海道を中心に栽培されている。特に長野県の塩尻市、小諸市、東御市、上高井郡や山梨県の八ヶ岳山麓で良いワインが造られている。香りの中に特徴であるメトキシピラジン類の香りが残っていることが多く、樽熟成が行われていると香りの印象でボルドーと感じられることがある。味わいはタンニンが控えめで酸の高いものが多く、みずみずしく凝縮感が低いためロワールのカベルネ・フランと間違うことがある。樽熟成を行うものから行わないものまでさまざまなタイプがあるが、樽熟成を行わないタイプでは難易度がかなり高い。

アメリカ

　カリフォルニア州、ワシントン州を中心にで栽培されている。いずれの産地においても気候条件が大変良いため、成熟したブドウを用いたワインが造られている。はっきりとしたオークのニュアンスがあり、甘味がしっかり感じられ、アルコール度数は14%を超えるものが多い。ブラインドにおいてはカベルネ・ソーヴィニヨン、ジンファンデルと間違えるケースが多い。メルロはカベルネ・ソーヴィニヨンに比べるとタンニンの質（収れん性）がより柔らかく、味わいは凝縮感がやや弱いこと、香りの中ではメルロは

カベルネ・ソーヴィニヨンよりもメトキシピラジン類由来の香りが少ないことからそういった点を勘案して見分ける必要がある。ジンファンデルはメルロよりもタンニンが少なく、糖度が高いため味わいが異なること、ジンファンデルの赤系果実の香りと比べて、メルロのほうがブルーベリー、ブラックベリーなど黒系果実の香りが強く感じられる点も判断基準になる。

　ワシントン州はコロンビア・ヴァレーが代表産地で、酸と糖分のバランスが良くフルーティーに感じられ、樽からのヴァニラ、チョコレートのような香りがあり、わかりやすい味わいのワインが多い。

フランス

　ボルドー地方を中心に栽培されており、カベルネ・ソーヴィニヨンを超える栽培面積がある。ジロンド川の左岸のメドック地区、グラーヴ地区ではカベルネ・ソーヴィニヨンへのメルロのブレンド比率が増えていること、セカンド、サードなどミドルレンジの価格帯のアイテムではその傾向が顕著である。

　右岸のサンテミリオン、ポムロール、コート、アントル・ドゥー・メール地区はメルロが中心であり、メルロの比率が100％のアイテムもある。近年のボルドー地方のワインでは香りからメトキシピラジン類によるハーブ系の香りを感じることは少なくなっている。ただしカベルネ・ソーヴィニヨン、カベルネ・フランが一定の割合でブレンドされる場合は微量に感じられることがある。

　第1アロマとしてはブラックチェリー、ブラックベリーなどのしっかりした果実の香りがあり、黒糖など糖度の高さを感じさせる香りがするものもある。味わいはアイテムによって差が大きく、長期熟成を目指した高価格帯のタイプ、日常的に消費する低価格帯のタイプまでさまざまある。高価格帯のアイテムではニューワールドのメルロよりも樽の印象、タンニンによる苦味、収れん性が強く感じられ、低価格のタイプでは凝縮感は高くなく、メルロらしいフルーティーで柔らかな味わいになる。

Zinfandel

品種名

ジンファンデル
Zinfandel

代表的なシノニム

プリミティーヴォ（Primitivo：イタリア）

原産地 クロアチア

外観上の特徴

大ぶりの楕円形の房で中程度の果実、果皮が薄く紫黒色を帯びた円形の黒ブドウ

提供：丹波ワイン株式会社

適した栽培環境 雨に弱く乾燥に非常に強いことから温暖で乾燥した気候を好む。果実は大きく果皮が薄いため密集しカビが生じやすく房が腐ることがある。また不均一に熟しやすい。果実はかなり早く熟し、糖度の高い果汁ができる。収穫時期は主に9月〜10月に行われる。

醸造方法の一例 収穫後に除梗し、低温にコントロールされたステンレスタンクでアルコール発酵が行われ、後にマロラクティック発酵（MLF）が行われる。樽の熟成期間は6〜12か月程度が一般的であるが、ステンレスタンクでの熟成を行い樽熟成したワインとブレンドすることにより果実の印象を高めるスタイル、ヘビートーストしたアメリカンオークで熟成させる力強いスタイル、新樽のフレンチオークを用いるエレガントなスタイルなどさまざまある。

香り／味わいの特徴 赤系果実の香りがはっきり感じられることが多く品種の特徴である。ストロベリー、ラズベリー、レッドチェリー、ブルーベリー、プラム、砂糖漬けのプルーンなど豊かな果実の香りがある。糖度が高いとジャムや黒糖のような香りに感じられる。木樽からの第3アロマとしてヴァニラ、ココナッツミルク、カカオの香りが感じられる。

代表的な生産国 **アメリカ**

アメリカのカリフォルニア州ノースコーストのナパ・カウンティやソノマ・カウンティが栽培の中心地である。

ソノマのドライ・クリーク・ヴァレー内陸部のシエラ・フットヒルズ内のA.V.A.（米国政府認定ブドウ栽培地域）はジンファンデルが代表的なブドウ品種となっている。ロダイはカリフォルニア州で最も古いジンファンデルのブドウの木があり、ハイレンジのジンファンデルを多く生産しているため「ジンファンデルの首都」と呼ばれている。

Malbec

提供：丹波ワイン株式会社

品種名

マルベック
Malbec

代表的なシノニム

コット（Côt：フランス）、オーセロワ（Auxerrois：フランス）

原産地　フランス　シュッド・ウエスト地方

外観上の特徴

小ぶりから中ぶりの円筒形の房で小粒の果実、果皮は厚く濃い色調で紫黒色を帯びた円形の黒ブドウ

適した栽培環境

　果皮が厚いため成熟に時間を要し、カベルネ・ソーヴィニヨン、メルロよりも強い日照量と熱が必要である。花ぶるい、ベト病などの病害や遅霜に弱いなどの課題があったが、クローン技術の進歩で改善している。南半球の収穫時期は2月下旬〜4月である。

醸造方法の一例

　収穫後に除梗し果皮を破砕、アルコール発酵の前にコールド・マセレーションを数日間行ってアロマを抽出する。その後、温度コントロールをされたステンレスタンクでアルコール発酵を1〜2週間行う。発酵中、色と風味を抽出するためにポンピングオーバーを行う。アルコール発酵後にエクステンデッド・マセレーションを3週間程度行う場合がある。マロラクティック発酵（MLF）を実施しフレンチオークで6〜12か月熟成させる。樽の使用割合、新樽比率、熟成期間など生産者、アイテムによって異なっている。

香り／味わいの特徴

　果実と花の香りが感じられることが特徴である。第1アロマとしてはブラックチェリー、ブルーベリー、カシス、プルーン、そしてスミレの香りが感じられることが多く、濃厚な色調の外観とのアンマッチが個性的である。樽熟成によってヴァニラ、杉、肉、なめし皮、煙、シガーのような香りが感じられる。味わいは酸が比較的はっきりしており、残糖も多すぎないためフレッシュな味わいに感じさせる。タンニンの収れんは外観の印象ほど強くは感じられないが苦味は強く感じられる。エレガントと思われる味わいのバランスが近年のアルゼンチンのマルベックの特徴である。

アルゼンチン

　メンドーサ州はアンデス山脈の東側に広がり、世界の「偉大なワイン首都」のひとつである。日照量が豊富で降雨量が少なくアンデス山脈から吹き下ろすゾンダと呼ばれる乾燥した風によって、メンドーサ州は乾燥した大陸性気候である。またアンデス山脈からの雪解け水が灌漑で利用できる。農薬を控えてもブドウの病害が少ない環境であり、病害に弱いマルベックにとって最適な環境となっている。栽培地は標高の高いルハン・デ・クージョから南西部のウコ・ヴァレーまで拡大している。これらの地区は、標高 900 ～ 2,000m のアンデス山脈の麓に位置している。果皮の厚いマルベックは豊富な紫外線量によって完熟することができ、フランスのカオールほどタンニンが強すぎないワインに仕上げることができる。

→ **偉大なワイン首都**…アデレード（南オーストラリア）、ビルバオ（スペイン　リオハ）、ボルドー（フランス）、ケープタウン（南アフリカ）、マインツ（ドイツ　ラインヘッセン）、メンドーサ（アルゼンチン）、ポルト（ポルトガル）、サンフランシスコ／ナパ・ヴァレー（アメリカ）、パライソ（チリ　カサブランカ）、ヴェローナ（イタリア）、ホークスベイ（ニュージーランド）。2023 年 5 月現在。

Grenache

提供：丹波ワイン株式会社

品種名

グルナッシュ
Grenache

代表的なシノニム

ガルナッチャ（Garnacha：スペイン）、カンノナウ
（Cannonau：イタリア）

原産地　スペイン　アラゴン州

外観上の特徴

大ぶりの房で大粒な果実、果皮は薄く青紫色を帯びた円
形の黒ブドウ

適した栽培環境

　高温で乾燥した気候を好む。ブドウの房が凝縮しやすいため、
湿気の多い環境では病害にかかりやすくなる。発芽は早いが、成
熟が遅いため完全に熟すには長い成長期が必要となる。スペイン
ではテンプラニーリョよりも2週間程度生育が遅く、結果的にブド
ウ中の糖度が上がりやすい。樹冠がしっかりしているためミストラ
ルなど強風に強いが、株仕立てでは機械式の収穫を行うことが困
難であり手間がかかる。北半球の収穫時期は9月〜10月に行わ
れる。
　生産国数は増加しており、200ha以上の栽培面積をもつ国の数は
17か国でブドウ品種としてはテンプラニーリョと同じく7位である
（O.I.V.2017）。

醸造方法の一例

　収穫後に除梗を行い、温度コントロールされたコンクリートや
木樽などでアルコール発酵が行われる。容器内では発酵と共に伝
統的な長期間の醸し（3週間程度）が行われる。マロラクティッ
ク発酵（MLF）を実施し半年〜2年間程度の樽熟成が行われる。
新樽比率、熟成期間は生産者、アイテムによって異なる。

香り／味わいの特徴

　糖度の高さが香りから感じられることが多い。プラム、プルーン、
アンズ、イチジクなどの熟した果実の香り、ラズベリーなどの赤系
果実の香り、アイテムによってはバラ、スミレ、牡丹のような花の
香りが感じられるものもある。樽熟成によってヴァニラ、杉、シ
ガー、煙のような第3アロマが感じられる。味わいは甘味の高さと

アルコールの厚みが感じられる。酸がしっかり保たれていると感じられるワインが多く、フレッシュでチャーミングなスタイルから複雑で厚みのあるスタイルまで多様である。タンニンの収れんは比較的強く、コク、苦味が感じられる。アイテムによってはジンファンデルやピノ・ノワール、コルヴィーナと間違うことがある。

代表的な生産国

フランス

　ローヌ地方南部を中心に栽培されており、シャトー・ヌフ・デュ・パプ、ジゴンダス、ヴァケイラスが代表的産地である。品種の使用割合には規定があり、シャトー・ヌフ・デュ・パプは南部ローヌを代表する産地であり、13 品種の使用が認められているがグルナッシュ主体が多い。ジゴンダスはグルナッシュ主体（50% 以上）にシラー、ムールヴェードルをブレンドしている。ヴァケイラスも同様にグルナッシュ主体（50% 以上）にシラー、ムールヴェードルをブレンドしている。おおむねグルナッシュが主要品種となっている。造りは多様化しており、熟成期間が長くしっかりとした味わいのワインからフルーティー、フローラルなものまで幅がある。

スペイン

　北部地方の原産地であるアラゴン州、ナバーラ州、リオハ、地中海地方のカタルーニャ州のプリオラートが代表産地である。プリオラートでは樹齢の長いガルナッチャを用いて急勾配の斜面に段々畑があり、植えられたブドウは凝縮した果実をもたらす。単一で用いる場合以外にもカベルネ・ソーヴィニヨン、シラーなどとブレンドされることがある。リオハではテンプラニーリョとブレンドされることがある。熟成期間は 6 〜 18 か月と幅があり、熟成させる容器も樽だけでなくフードルやアンフォラなど生産者によって多様であり、さまざまなスタイルのガルナッチャが造られている。

Carmenère

品種名

カルメネール
Carmenère

代表的なシノニム

複数あり

原産地　フランス　ボルドー地方

外観上の特徴

小ぶりで円錐形の房で中粒の果実、果皮は厚く青色を帯びた円形の黒ブドウ

適した栽培環境

　日照時間が長い温暖な土地が最適な栽培地であり、芽吹き、開花はやや遅く、チリではメルロに比べて4〜5週間程度遅く熟す。春に湿度が高く寒冷な気候であると花ぶるいが起きやすい。収量はメルロと比べて少ない。葉は落ちる前に赤く紅葉する特徴がある。南半球での収穫時期は4月〜5月中旬である。

醸造方法の一例

　収穫後に選果、除梗を行い破砕し、温度コントロールされたステンレスタンクなどでアルコール発酵が行われる。容器内では発酵と共に2〜3週間程度の醸しが行われる。マロラクティック発酵（MLF）を実施し12〜15か月程度の樽熟成が行われる。使用樽の種類、新樽比率、熟成期間は生産者、アイテムによって異なる。

香り／味わいの特徴

　メトキシピラジン類によってハーブ、ミント、ピーマンなど青野菜の香りが感じられることが特徴である。果実の香りとしてはブラックベリー、ブルーベリー、レッドチェリー、カシスのような香り、熟度によってコンポートしたような甘い香りが感じられる。第3アロマとしてヴァニラ、チョコレートなど、そして焙煎したコーヒー、シガーなどチリ特有の樽からの香りが感じられる。香りはカベルネ・ソーヴィニヨンと共通するところがあるが味わいには大きな違いがある。甘味はカルメネールのほうが高く酸は柔らかく、タンニンの収れんはあるがカベルネ・ソーヴィニヨンほど強くない。味わいのバランスはメルロに近い印象がある。アルコール度数は13.5%以上であることが多いが近年は抑えられている印象がある。

チリ

主な産地はアコンカグア・ヴァレー、セントラル・ヴァレーのコルチャグア・ヴァレー、マイポ・ヴァレー、カチャポアル・ヴァレー、マウレ・ヴァレーである。太平洋に面しており、温暖な気候が特徴である。多くのワイン産地は晴天が多く雨が極めて少ない。そのためアルプス山脈から流れる河川流域を灌漑に利用するため河川に多くの産地が形成されている。最高気温は高く、日照時間が長い。果実の成熟に影響する昼夜は約20度の寒暖差があり、ブドウ中の糖度の上昇と酸の低下を防ぐ。

品種の豆知識

カベルネ・フランはカベルネ・ソーヴィニヨンの親というだけでなく、メルロ、カルメネールの親でもある。メトキシピラジン類による共通の香りが生じる特徴が似ていて興味深い。

[ボルドー系品種の親子関係1] 243ページも参照

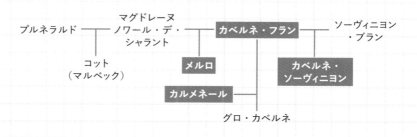

Gamay

品種名

ガメイ
Gamay

代表的なシノニム

ガメイ・ノワール・ア・ジュ・ブラン（Gamay Noir à Jus Blanc：フランス）など

原産地　フランス　ボージョレ地区

外観上の特徴

中ぶりの円錐形の房で大粒の果実、果皮は薄い紫色を帯びた円形の黒ブドウ

適した栽培環境

　早期に発芽するため霜害を受けやすいが、生育力が強く成熟が早いため、冷涼な気候であっても豊産になる特徴がある。果皮が薄いため病害に弱い。収穫時期は 8 月〜 9 月中旬である。

醸造方法の一例

　収穫後に選果、除梗を行い破砕し、温度コントロールされたステンレスタンクなどで 10 〜 12 日程度のアルコール発酵が行われる。ヌーヴォーとして造られる場合はマセラシオン・カルボニック（炭酸ガス浸漬法）やセミ・マセラシオン・カルボニック（半炭酸ガス浸漬法）と呼ばれる醸造方法が用いられる。村名 A.O.C. であってもセミ・マセラシオン・カルボニックが行われることが多い。発酵後にはマロラクティック発酵（MLF）を実施し 10 〜 15 か月程度の樽熟成が行われる。使用樽の種類、新樽比率、熟成期間は生産者、アイテムによって異なる。樽を用いずステンレスタンク熟成を行うことによって豊かな果実感のあるタイプや、アルコール発酵前に 2 〜 3 週間程度コールド・マセレーションを行いフレッシュな味わいが感じられるタイプがある。

香り／味わいの特徴

　イチゴ、ラズベリーといった赤系果実の第 1 アロマが特徴的である。またバラ、スミレ、ゼラニウムといったフローラルな香りがある。マセラシオン・カルボニックを行っている場合は第 2 アロマとしてバナナ、メロンの香りが感じられる。ピノ・ノワールと似た印象が感じられるが、ガメイのほうがより華やかでわかりやすい。例えるならお菓子の香料のように感じられるほど香るワインがある。製

法によってさまざまなワインが造られている。樽熟成期間が長いと華やかな香りの印象は弱まり、第3アロマの木樽、スパイス、なめし皮、牛脂のような香りが強まる。

　味わいはフルーティーでフレッシュな酸味と甘味がバランスよく感じられる。収れんするタンニンは少なく苦味は比較的強く感じられコクがある。アルコール度数は13.5%を下回るものが多い。

フランス

　代表産地はボージョレ地区であり、リヨンの北に位置し、ソーヌ川とボージョレ山脈の間に広がっている。北部は花崗岩土壌、南部は石炭岩、泥炭岩、片岩、火山性土壌の土地が見られ多様である。ボージョレ地区には、10の村名を名乗るクリュ・デュ・ボージョレが構成されており、サン・タムール、ジュリエナ、シエナ、ムーラン・ア・ヴァン、フルーリー、シルーブル、モルゴン、レニエ、ブルイイ、コート・ド・ブルイイがある。それぞれの村には異なる特性をもつ畑がある。ブルイイやフルーリーはフルーティーな香りが特徴的で、モルゴンやムーラン・ア・ヴァンではタンニンが力強いワインが造られており、長期熟成が可能である。

Cabernet Franc

提供：サントリー株式会社

品種名

カベルネ・フラン
Cabernet Franc

代表的なシノニム　ブルトン（Breton：フランス）、ブーシェ
（Bouchet：フランス）

原産地　スペイン　バスク地方

外観上の特徴

小ぶり～中ぶりで円錐形の房で小粒な果実、果皮は薄く
紫黒色を帯びた円形の黒ブドウ

適した栽培環境

カベルネ・ソーヴィニヨンに比べて、1週間程度早く発芽する。
涼しい気候で栽培が可能である。早期に発芽するため霜害を受け
やすいが、生育力が強く成熟が早いため、冷涼な気候であっても
豊産になる特徴がある。果皮が薄いため病害には弱い。収穫時期
は9月～10月で産地によって幅がある。

醸造方法の一例

収穫後に除硬を行い、コールド・マセレーションを5日間程度
行う。アルコール発酵は25度で10～15日間行いタンニンの抽
出を高める。その後マロラクティック発酵（MLF）を行う。樽によ
る熟成が一定期間行われることが赤ワインでは一般的だが、フラン
スのロワール地方では樽熟成を経るタイプだけでなく、樽は用い
ずステンレスタンクで熟成させるタイプがある。

香り／味わいの特徴

植物の葉のような香りが強く感じられる特徴がある。第1アロマ
としてはラズベリー、ブルーベリー、カシスなどの果実の香り、バ
ラ、スミレ、赤シソ、ゴボウ、ハーブの植物の香りが感じられる。
木樽による熟成を行わない場合では、第3アロマである樽の香り
は感じられない。味わいは酸が主体的であり甘味は控えめである
ためフレッシュな印象を感じられることが多い。タンニンは柔らか
で苦味は強く感じられる。フランスのロワール地方ソミュール・
シャンピニーなど一部地域では樽による熟成が長期間行われてい
る場合があり、樽の香りと共に強いタンニンが感じられることがあ
る。日本のメルロと間違いやすい。

フランス

　ロワール地方のロワール川沿いにあるアンジュー、ブルグイユ、シノン、ソミュール・シャンピニーでカベルネ・フランが広く栽培されている。他の品種とブレンドされることがないため品種の個性が感じられる。ピュアで軽やかな赤ワインからボルドー地方のように長期の樽熟成を行う地域まで幅広い。

　ボルドー地方でも栽培されているが、栽培面積は多くなく、ボルドー左岸ではカベルネ・フランはカベルネ・ソーヴィニヨンやメルロの補助品種として用いられていることが多い。ただし右岸のサンテミリオンではカベルネ・フランの比率が高いワインが造られているが種類は少ない。

品種の豆知識

　カベルネ・ソーヴィニヨンの遺伝学的な親はカベルネ・フランとソーヴィニヨン・ブランである。ソーヴィニヨン・ブランとシュナン・ブランはサヴァニャンを親にもち遺伝学的な関係がある。この2つの品種をブラインドで間違えることがあり、似た特徴がある。

[ボルドー系品種の親子関係 2]

```
                                    ?    ┬──────── サヴァニャン
                                         │          （トラミナー）
                                         │
                                    シュナン・ブラン

プルネ      マグドレーヌ      カベルネ・  ┬  ソーヴィニヨン
ラルド      ノワール・デ・    フラン          ・ブラン
            シャラント
     コット          メルロ      カベルネ・
   （マルベック）                ソーヴィニヨン
```

戸塚昭・東條一元（編）、安蔵光弘 他（著）『新ワイン学』ガイアブックスより引用

Nebbiolo

提供：丹波ワイン株式会社

品種名

ネッビオーロ
Nebbiolo

代表的なシノニム　スパンナ（Spanna：イタリア　ピエモンテ州）、ピコテンドロ／ピクトゥネール（Picotendro／Picoutener：イタリア　ヴァッレ・ダオスタ州）、キアヴェンナスカ（Chiavennasca：イタリア　ロンバルディア州）など

原産地　イタリア　北部

外観上の特徴
中～大ぶりの長い円錐形の房で中粒の果実、果皮は薄く赤紫色を帯びた円形の黒ブドウ

適した栽培環境

　発芽は早いが成熟に時間を要すため収穫時期が遅い晩熟のブドウである。成熟を促進するためには日照量の確保が必要で日当たりの良い畑に植える必要がある。また発芽期、開花期の降雨によって病害が起きやすいため、栽培地には風通しの良い気候が必要になる。ヴェレゾン期は温度が高く乾燥した気候が必要であり、この時期の気候によってブドウの状態に差が生じるため糖度の高くタンニンのしっかりしたタイプ、酸が高くミディアムボディなタイプと造られるワインに違いが生じる。収穫時期は10月中旬～11月である。

醸造方法の一例

　収穫後に除梗を行い、温度コントロール（28～30度）されたステンレスタンクなどで8～20日程度かけてアルコール発酵を行う。その後1～6か月程度エクステンデッド・マセレーションを行う。マロラクティック発酵（MLF）の後、18か月以上のオーク樽熟成を行う。さらにボトル、あるいはステンレスタンクにて法定熟成期間に則って熟成させ、出荷される（例：バローロは38か月〈そのうち18か月は樽熟成〉で、バルバレスコは26か月〈そのうち9か月は樽熟成〉）

香り／味わいの特徴

　特徴的な透明度のある外観と、その色合いとは異なり力強いタンニンが特徴である。これは果皮、種子からのタンニンがエクステンデッド・マセレーションを行うことで多く抽出される。その一方でアントシアニンなどの色素成分はブドウの搾りかすに再吸着される

ため外観の色が薄くなる。つまり特徴的な醸造工程によってこの色合いがもたらされている。第1アロマはアンズ、干し柿、乾燥イチジク、レーズンなど熟した果実、干された果実の印象を受ける香りが中心である。熟成による第3アロマは非常に豊かでなめし皮、トリュフ、枯葉、タール、タバコ、藁、甘草など幅広く感じられる。味わいは酸味がまろやかに感じられ、甘味と共に高いアルコールの熱感が感じられる。同時に収れんする強いタンニンが感じられ口内を引き締める。苦味は柔らかに変化している。産地によってブドウの状態、醸造方法が異なるため酸味の強弱、熟成期間によって苦味の強弱に違いが生じるため、産地の特徴を捉える必要がある。

代表的な生産国

イタリア

　ピエモンテ州が中心の産地である。バローロ、バルバレスコが伝統的な産地であるが、ブラインドではまずバローロを押さえる必要がある。

　バローロは海抜170〜540m程度の高地にあるため日当たりが良く、アルプス山脈からの風が吹く斜面に畑がある。大陸性気候であるため、夏は暑く乾燥し、晩熟のブドウの成熟を待つことができる特徴がある。バルバレスコとバローロをブラインドで見分けることは極めて困難であるが、法定熟成期間が異なりバルバレスコのほうが短いため、若々しいニュアンスが感じられることがある。

　アルプス山脈北部にゲンメ D.O.C.G. やガッティナーラ D.O.C.G. があり、バローロやバルバレスコよりもフレッシュ感のある軽やかなネッビオーロが造られている。バローロと比べて酸が高く苦味が強く感じられる。

Corvina

品種名
コルヴィーナ
Corvina

代表的なシノニム
コルヴィーナ・ヴェロネーゼ（Corvina Veronese：イタリア）
クルイーナ（Cruina：イタリア）

原産地　イタリア　ヴェネト州

外観上の特徴
中ぶりで円錐形の房で中粒の果実、果皮は厚く青紫色を
帯びた黒ブドウ

適した栽培環境
　暑さに強く、高温で乾燥した気候を好む。南向きの斜面が適し
ており、標高 200 〜 500m の地域で品質の良いブドウを生産する。
カビなどの病害に強いが成熟に時間がかかる晩熟品種であり、収
穫時期は 9 月下旬〜 10 月である。

醸造方法の一例
　アマローネの場合：収穫されたブドウを自然乾燥のための小屋
内の竹製ラックに並べて平均 2.5 か月、1 月下旬まで陰干しする。
スラヴォニアンオークの大樽、またはステンレスタンクで45 日間
の低温発酵（14 度）の後に、中型の木樽に移し、引き続き 35 日
間アルコール発酵とマロラクティック発酵（MLF）を行う。全体
の 80％ をスラヴォニアンオークの大樽で、20％を小樽で24 か月熟
成させ、瓶内では 4 か月の熟成を経る。樽は新樽を一定の割合用
いている。
　リパッソの場合：収穫されたブドウを除梗し、アルコール発酵
後の赤ワインと約 6 週間半乾燥させた陰干しブドウをブレンドし、
発酵を行う。そしてマロラクティック発酵（MLF）を経てスラヴォ
ニアンオーク樽で18 か月熟成を行う。さらに瓶内で 3 か月程度の
熟成を行う。

香り／味わいの特徴
　アマローネでは熟した果実やドライフラワーの香り、熟成や風化
した香りが感じられる特徴がある。第 1 アロマはブラッチェリー、
ブラックベリー、プルーン、干しプラム、レーズン、ドライローズ

の香り、第3アロマとしては漢方、チョコレート、キャラメル、コーヒー、なめし皮といった複雑かつ幅広い香りが感じられる。味わいは残糖のあるしっかりとした甘味とアルコールの熱感が強く感じられる。酸味はしっかりと感じられバランスがとれている。強いコクを感じる苦味、収れん性もしっかり感じられカカオやコーヒーを想起させる。まさにフルボディの味わいである。

リパッソではコルヴィーナ本来のストロベリー、ラズベリーなどの赤系果実の風味に加えてレーズンのニュアンスが感じられるが、アマローネのような厚みのある香りはない。味わいも若々しい酸味が感じられ、タンニンの収れんは強くない。軽やかな味わいである。

代表的な生産国

イタリア

ヴェネト州が中心産地である。ヴェローナ近郊のヴァルポリチェッラはアルプス山麓にあり、千年を超えるワイン造りの歴史がある。西部にはガルダ湖があり、ガルダ湖からの暖かい風とアルプスからの冷たい風によって昼夜の寒暖差のある気候となっている。アマローネ・デッラ・ヴァルポリチェッラD.O.C.G.、レチョート・デッラ・ヴァルポリチェッラD.O.C.G.の格付けの産地がある。アマローネでは、収穫後陰干しをしてレーズン状態になったブドウにする必要があり、収穫年の12月1日以降でないとア

ルコール発酵を行うことができない。陰干し期間の平均は2.5か月である。レチョートは陰干しブドウによる甘口ワインである。ヴァルポリチェッラ・リパッソD.O.C.では、コルヴィーナ等のブドウによる通常のワインにアマローネやレチョートによるブドウの搾りかすを加え二次発酵、MLFを経て造るワインのことである。アマローネに比べて軽やかな味わいになる。

Tannat

提供：丹波ワイン株式会社

品種名
タナ
Tannat

代表的なシノニム

マディラン（Madiran：フランス）、アリアゲ（Harriague：ウルグアイ）

原産地　フランス　シュッド・ウエスト地方

外観上の特徴

大ぶりの円筒形の房で小粒の果実、果皮は厚く青紫色を帯びた黒ブドウ

適した栽培環境

　果皮が厚いため乾燥に強く、霜の影響や病害を受けにくいため、さまざまな気候条件で栽培しやすい。成熟は遅いので十分な温度、日照量が必要である。北半球の場合、通常は9月〜10月上旬に収穫を行う。

醸造方法の一例

　収穫後に除梗・破砕し、温度コントロール（28〜30度）されたステンレスタンクなどでアルコール発酵が行われる。容器内では発酵と共に3〜6週間程度の醸しが行われる。その後、木樽にてマロラクティック発酵（MLF）を実施、滓と共に12〜16か月程度の樽熟成が行われる。使用樽の種類、新樽比率、熟成期間は生産者、アイテムよって異なるが、新樽率は60〜100%と高い傾向にある。

香り／味わいの特徴

　成熟した果実の香り、木樽の香りが強く感じられる。第1アロマとして、ブラックチェリー、ブラックベリー、プラム、カシス、甘草といった甘い香りが感じられる。第3アロマとしてタール、カカオ、モカ、エスプレッソなど香ばしい樽由来の香りが感じられる。複雑な樽の香りが特徴を与えている。味わいは果実の甘味と共にアルコールの熱感が強く感じられる。ふくよかな酸味がありバランスがとれている。力強いタンニンの収れん性が感じられ長く続く。強い苦味がカカオ、チョコレートなどの味わいに似て感じられ豊かな味わいをもたらしている。

フランス

　シュッド・ウエスト地方のガスコーニュ・バスク地区でピレネー山脈の麓にあるマディランが中心的な産地である。マディランはアドゥール川中域にあり、水はけの良い粘土質土壌である。タナは50%以上の使用が規定されており、単一で使用されることは少なくなり、カベルネ・ソーヴィニヨン、カベルネ・フランなどとブレンドされることが多い。ベアルンやイルレギーではタナのロゼワインが造られている。赤ワインはタンニンが強く長期熟成型が多いのが特徴であるが、マディランの生産者がミクロオキシジェネーション（Micro-oxygenation）という微量の酸素をタンク貯蔵中のワインに送り込み、酸化を促しタンニンの味わいを和らげる醸造技術を開発した。1996年に欧州委員会の認可を受けた後、ボルドーを始め世界各国で実用化されている。

Pinotage

品種名

ピノタージュ
Pinotage

代表的なシノニム

なし

原産地 ▶ 南アフリカ　ステレンボッシュ

外観上の特徴

中ぶりの円筒型の房で小粒の果実、果皮は厚く青紫色を
帯びた楕円形の黒ブドウ

適した栽培環境

　高温や乾燥、病害に強い。樹勢が強く早熟で、高い糖度が得
られるため栽培しやすいブドウである。日当たりの良い場所を好
むが、収穫期前に暑すぎる場合、除光液のような酢酸エチルの香
りの増加、焦げたゴムの香りを帯びることがある。南半球の収穫
時期は1月下旬〜3月上旬である。

醸造方法の一例

　収穫後に選果、除梗・破砕し、温度コントロール（28〜30
度）されたオープントップのステンレスタンクなどでアルコール発
酵が行われる。発酵終了後に3日程度の醸しを経てから圧搾され
る。その後、木樽にてマロラクティック発酵（MLF）を実施し、12
〜18か月程度の樽熟成が行われる。使用樽はフレンチオークが
多いが、新樽比率、熟成期間は生産者によって異なる。ハイレン
ジのアイテムでは新樽比率が高い。

香り／味わいの特徴

　植物的な香り、コーヒー、シガーなど焙煎の香りが特徴的で
ある。第1アロマはブラックチェリー、ブラックベリー、カシスな
どの果実の香り、タイム、トマト、ピーマン、ゴボウなどの植物の
香り、第3アロマとして苦味を感じさせるコーヒーの焙煎、タバコ、
シガーの香りがはっきりと感じられる。
　味わいは甘味と酸味のバランスが良く、香り以上にエレガントさ
を感じる。味わいの中に香りと共通した苦味が強く感じられ特徴的
である。タンニンによる収れん性がしっかりと感じられる。

南アフリカ

有名な産地は西ケープ州のコースタル・リージョン（沿岸地域）である。穏やかな地中海性気候のこの地域では、春から夏に冷涼で乾燥した風（ケープドクター）が吹くため、防虫剤や防カビ剤の使用も最小限に抑えることができる。

コースタル・リージョンでピノタージュの栽培面積の多い代表産地はステレンボッシュとスワートランドである。ステレンボッシュは山々に囲まれた地形、ブドウ栽培に適した降雨量、水はけの良い土壌であるためワイン造りに適している。またステレンボッシュ大学は世界のワイン研究をリードする研究機関であり、ピノタージュも同大学の研究者によって暑さや病害に弱いピノ・ノワールの品質と、サンソー（エルミタージュ）の丈夫さと収量の高さを併せもつ品種を目指して開発された品種である。名前も両品種から名づけられている（Pinot Noir × Hermitage：Pinotage）。

スワートランドの気候は暑く乾燥しているのでカビなどによる病害のリスクを下げることができ、土中の水分が不足していることによって低収量で凝縮した小粒のブドウになる。また水分を保つ深層の保湿性のある土壌があるため灌漑の必要がない。寒暖差も大きく雨も冬に集中するため、良質なブドウの収穫が可能な地域である。

近年はより軽いスタイルでピノタージュが生産されており、糖度を下げるためにブドウを早く収穫し、全房発酵を使用して酸を高めるなどの方法によって、ピノ・ノワールに似たエレガントなスタイルのワインが造られている。

Aglianico

提供：丹波ワイン株式会社

品種名

アリアニコ
Aglianico

代表的なシノニム

多数あり

原産地　ギリシャ

外観上の特徴

中ぶりの円筒形か円錐形の房で小粒な果実、果皮は厚く青紫色を帯びた黒ブドウ

適した栽培環境

発芽・開花は早いが成長は遅い。日照時間の長い乾燥した気候に適している。果皮が厚いため熱に強く干ばつに耐性がある。ウドンコ病に強い耐性をもつが、ベト病や灰色カビ病には弱い。火山性土壌に適している。収穫は 10 月〜 11 月頃に行われる晩熟品種であり、タンニンの成熟に時間を要する。

醸造方法の一例

収穫後に選果、除梗・破砕し、温度コントロール（22 〜 24度）されたオープントップのステンレスタンクなどでアルコール発酵が行われる。醸し期間はやや長めで15 〜 25 日間程度行われる。その後、木樽にてマロラクティック発酵（MLF）を実施し10〜 30 か月程度の樽熟成が行われる。使用樽は主にフレンチオークである。新樽比率、熟成期間は生産者によって異なる。ボトルでの熟成期間も9 〜 40 か月とさまざまである。

香り／味わいの特徴

フルボディで力強い味わいをイメージしがちだが、繊細な香りが感じられ高い酸による引き締まった味わいが特徴的である。個性を捉えればブラインドで当てられる品種である。第 1 アロマはブルーベリー、ブラックチェリーの香り、フローラルな香りがあることが特徴的でローズマリー、ローズヒップ、花の蜜のような香りが感じられる。第 3 アロマはイタリアらしい風味のある樽やなめし皮の香りが感じられる。味わいは酸の印象が非常に強い特徴がある。甘味は適度に感じられ苦味に加えて収れん性も強く感じられる。骨格のある味わいのストラクチャーと特徴的な香りが個性的である。

イタリア

　カンパーニア州、バジリカータ州が代表的な産地である。カンパーニア州のタウラージは火山性土壌の丘陵地帯で造られている。ギリシャから最初にアリアニコが伝来したのがバジリカータ州であり、イタリアでのアリアニコの起源である。バジリカータ州は山岳地帯が多い州で、アリアニコはヴルトゥレ山の麓の標高 200 ～ 700m の丘陵地帯で冷涼な環境で栽培されている。代表産地であるアリアニコ・デル・ヴルトゥレ・スペリオーレではアリアニコの品種個性が生かされたエレガントなワインが造られている。カンパーニャ州ではタウラージが代表産地である。

　法定熟成期間の規定により、タウラージでは醸し後の熟成期間が長く（最低 3 年、うち木樽熟成 1 年）、重厚なフルボディのワインになっている。一方アリアニコ・デル・ヴルトゥレではタウラージに比べて規定された熟成期間が短いため（最低 2 年、うち木樽熟成 1 年）、軽やかでエレガントに感じられる。　タウラージ・レゼルヴァ、アリアニコ・デル・ヴルトゥレ・スペリオーレ・レゼルヴァなど上位アイテムではさらに長期の熟成期間が設定されているため味わいはより深くなる。

Barbera

提供：丹波ワイン株式会社

品種名

バルベーラ
Barbera

代表的なシノニム

多数あり

原産地　イタリア　ピエモンテ州（複数の説あり）

外観上の特徴

中ぶりの円錐形の房で中粒の果実、果皮は薄く黒青色を帯びた黒ブドウ

適した栽培環境　　樹勢が強いたくましい品種。肥沃でない土壌でも育つことができる。収量が多く、病害に強くフィロキセラに対しても耐性がある。通常9月下旬〜10月上旬に収穫するが、ドルチェットより2週間遅くネッビオーロより約2週間早いとされている。

醸造方法の一例　　収穫後に選果、除梗・破砕し、14〜15日間温度コントロールされたステンレスタンクなどでアルコール発酵と醸しが行われる。その後、木樽にてマロラクティック発酵（MLF）を実施し12か月程度の樽熟成が行われる。その後、瓶内熟成が6か月行われる。新樽を用いるフルボディのタイプから、スラヴォニアンオークなどの古樽を用いた樽の風味の少ないミディアムボディのワインまでさまざまである。

香り／味わいの特徴　　バラ、スミレなどのフローラルなニュアンスが感じられるワインが多い。第1アロマはブラックベリー、ブルーベリー、カシス、ラズベリーなど幅広い。樽による熟成が行われていると濃縮したニュアンスが感じられ、甘草やミント、チョコレートなど木樽の香りがある。味わいはフレッシュな酸味とフルーツ感豊かな甘味がありバランスが良い。若々しく瞬発力のあるタンニンが口内を引き締める。アルコール度数は14％前後と高い。ミディアムからフルボディまで幅広いので、ブラインドでは難易度が高い。

代表的な生産国　　イタリア

　ピエモンテ州が中心の産地であるが、ロンバルディア州やエミリア・ロマーニャ州、プーリア州などでも栽培されている。ピエモンテ州ではバルベーラ・ダスティ D.O.C.G. とバルベーラ・ダルバ D.O.C. があり、バルベーラ・ダスティは、エレガントなものから濃厚なフルボディのワインまで幅広いワインがある。バルベーラ・ダルバは複雑な風味をもち、濃厚でフルボディな味わいが特徴である。

Nerello Mascalese

品種名

ネレッロ・マスカレーゼ
Nerello Mascalese

代表的なシノニム

ネレッロ（Nerello、 Nierello：イタリア）

原産地 イタリア 南部（カラブリア州からシチリア州）

外観上の特徴

大ぶりの円錐型の長い房で中粒の果実、果皮は厚く青みを帯びた黒ブドウ

適した栽培環境 暑い気候でも干ばつに強いためシチリアの気候に適している。ウドンコ病、灰色カビ病などに弱い。成熟は遅い晩熟品種であり、収穫時期は10月中旬である。

醸造方法の一例 収穫後に選果、除梗後にソフトプレス、温度コントロール（25～28度）されたステンレスタンクなどで12日間程度のアルコール発酵が行われる。その後大樽やフレンチオークでMLFを実施し10～11か月の木樽熟成と1か月の瓶熟成を経て出荷される。

香り／味わいの特徴 赤系果実、フローラルな要素があり、ピノ・ノワールに似た印象が感じられることが多い。第1アロマはレッドチェリー、ラズベリー、クランベリー、野イチゴなど赤系果実の香り、ドライトマト、レーズン、紅茶、タバコなど熟成の風味が感じられる。フローラルな要素としてはドライローズ、スミレなどの香りが感じられる。樽の工程があり熟成すると濃縮したニュアンスが感じられ、杉、ヴァニラ、甘草、チョコレートなど木樽の香りがある。味わいは豊かな酸味が感じられ、甘味は穏やかでフレッシュさがある。コクを伴う苦味と強く口内を引き締める収れん性が感じられる。アルコール度数は13～14％前後でネッビオーロ、サンジョヴェーゼと間違えやすい。

代表的な生産国 **イタリア**

イタリアのシチリア州が中心の産地であるが、特に有名な産地としてはヨーロッパ最大の活火山であるエトナ山の麓にあるエトナ D.O.C. である。標高 1,000m を超す傾斜地に畑があり、火山性土壌である。ネレッロ・カプッチョとブレンドされることがあるが、ネレッロ・マスカレーゼの比率は80％以上必要である。ファーロ D.O.C. では45～60％と規定されており、ネレッロ・カプッチョの比率が高い。カラブリア州でも少量生産されている。

Muscat Bailey A

提供:株式会社岩の原葡萄園

品種名
マスカット・ベーリー A
Muscat Bailey A

代表的なシノニム
なし

原産地　日本　新潟県

外観上の特徴
大ぶりの円錐形の房で大粒の果実、果皮は薄く紫黒色を帯びた黒ブドウ

適した栽培環境　　高温多湿、寒冷にも耐えられ、日本全国で栽培が可能である。樹勢は強く、病害に強くカビにも強い。成長が早く、芽吹きも早いため霜の被害を受けることがある。晩熟であり9月下旬〜10月上旬に収穫される。

醸造方法の一例　　収穫後に選果、除梗後にソフトプレス、温度コントロール（25〜30度）されたステンレスタンクや木樽、オーク樽などで14日間程度のアルコール発酵が行われる。その後、オーク樽にてマロラクティック発酵（MLF）を実施し10か月程度の木樽熟成を経て瓶詰めをする。アパッシメント（陰干し仕込み）を行いレーズン状になったブドウを用いて醸造されるワインが造られ注目されている。

香り／味わいの特徴　　ストロベリーを基調とする華やかな香りが特徴であるが、近年は落ち着いた赤系果実の香りが感じられるワインが増えている。第1アロマはストロベリー、ラズベリー、クランベリー、レッドチェリーなどの果実の香り、スミレ、ゼラニウム、牡丹などの花の香り、木樽熟成によるヴァニラ、チョコレート、タバコ、丁子（クローブ）などの香りがある。味わいは溌溂とした酸が特徴で非常に柔らかいタンニンと調和している。余韻にかけて旨味が感じられる。アルコール度数は低く11〜12%前後が多い。

日本

東北地方から九州地方までの広い範囲で栽培されている。その中でも山梨県での生産量は約80%であり、次いで山形県、長野県が続く。この品種が生み出された新潟県でも栽培されている。赤ワインだけでなくロゼ、甘口、スパークリングワインなど多様なワインが造られている。山梨県、長野県では県全域で生産されているが、山形県村山地方の朝日町では、収穫が11月中旬に行われる遅摘みのブドウでワインが造られており、新たな味わいとして特徴がある。

品種の豆知識

ピノ・ノワールはシャルドネ、ガメイと遺伝学的な関係がある。ピノ・ノワールは多くの品種の出生に関係している。

[ピノ・ノワールが関係する親族関係]

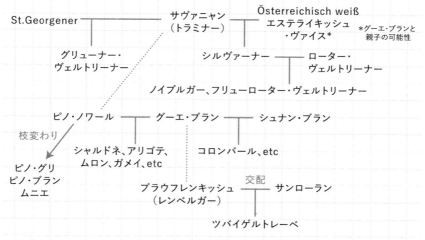

戸塚昭・東條一元(編)、安蔵光弘 他(著)『新ワイン学』ガイアブックスより引用

使用ワイン一覧

第7章に使用したワインです。
ワイン名、生産者、国の順に記載しています。

白ワイン

シャルドネ

ソンジュ・ド・バッカス ブルゴーニュ・シャルドネ／ルイ・ジャド／フランス

シャトー・メルシャン 新鶴シャルドネ／シャトー・メルシャン／日本

M3 シャルドネ／ショウ・アンド・スミス／オーストラリア

シャルドネ／ボーグル・ファミリー・ヴィンヤーズ／アメリカ

リースリング

ヴィラ・ローゼン モーゼル リースリング／ヴァイングート・ドクター・ローゼン／ドイツ

ナイン・ハッツ リースリング／ロング・シャドウズ／アメリカ

ファミーユ・ヒューゲル リースリングクラシック／ファミーユ・ヒューゲル／フランス

スプリングヴェイル リースリング／グロセット／オーストラリア

ソーヴィニヨン・ブラン

サンセール・ブラン／ドメーヌ・ミッシェル・トマ／フランス

ソーヴィニヨン・ブラン／ドッグ・ポイント・ヴィンヤード／ニュージーランド

ソーヴィニヨン・ブラン／シャーロッツ・ホーム／ロドニー・ストロング・ヴィンヤーズ／アメリカ

ソーヴィニヨン・ブラン／ロス・ヴァスコス／チリ

シュナン・ブラン

ヴィオニエ

クルーフ・ストリート オールド・ヴァイン・シュナン・ブラン／マリヌー／南アフリカ

ヴーヴレ・セック／ドメーヌ・ヴィニョー・シュヴロー／フランス

ヴィオニエ・リヴァー・ジャンクション・カリフォルニア／マックマニス・ファミリー・ヴィンヤーズ／アメリカ

コンドリュー／E・ギガル／フランス

アリゴテ

ブルゴーニュ・アリゴテ／ドメーヌ・ファビアン・コシュ／フランス

アルバリーニョ

アルバリーニョ／ビオンタ／スペイン

トロンテス

アラモス・トロンテス／カテナ／アルゼンチン

甲州

シャトー・メルシャン 山梨甲州／シャトー・メルシャン／日本

セミヨン

ハンター・ヴァレー・セミヨン／ティレルズ／オーストラリア

ピノ・グリ

ピノ・グリ・レゼルヴ／トリンバック／フランス

ミュスカデ

ミュスカデ・セーヴル・エ・メーヌ・シュル・リー／ドメーヌ・サン・マルタン／フランス

グリューナー・ヴェルトリーナー

リート・パンツゥアング グリューナー・ヴェルトリーナー／ザックス／オーストリア

アシルティコ

サントリーニ・アシルティコ／ドメーヌ・シガラス／ギリシャ

シルヴァーナー

ノルトハイマー・フェーゲライン・シルヴァーナー・トロッケン／ヴァルデマー・ブラウン／ドイツ

ルカツィテリ

ルカツィテリ／シャウラリ・ワイン・セラーズ／ジョージア

アルネイス

ロエロ・アルネイス／フォンタナフレッダ／イタリア

コルテーゼ

ガヴィ・デル・コームネ・ディ・ガヴィ・グロッペッラ／ラ・キアーラ／イタリア

ゲヴュルツトラミネール

ゲヴュルツトラミネール／トリンバック／フランス

赤ワイン

カベルネ・ソーヴィニヨン

マックス・カベルネ・ソーヴィニヨン／ペンフォールズ／オーストラリア

シャトー・カプベルン／シャトー・カロン・セギュール／フランス

アナベラナパ ヴァレー カベルネ・ソーヴィニヨン／マイケル・ポザーン／アメリカ

マックスカベルネ・ソーヴィニヨン／エラスリス／チリ

ピノ・ノワール

ブルゴーニュ ピノ・ノワール キュヴェ・レゼルヴ／メゾン・ロッシュ・ド・ベレーヌ／フランス

クリムゾン ピノ・ノワール／アタ・ランギ／ニュージーランド

フォン・ウィニング シュペートブルグンダー フリードリッヒ1849／ヴァイングート・フォン・ウィニング／ドイツ

イーラス ピノ・ノワール／イーラス／アメリカ

ジンファンデル

ヴィントナーズ・ブレンド ジンファンデル／レーヴェンスウッド／アメリカ

シラー

フットボルト シラーズ／ダーレンベルグ／オーストラリア

クローズ・エルミタージュ ルージュ レ メゾニエ ビオ／M.シャプティエ／フランス

テンプラニーリョ

ティント レセルバ／マルケス・デ・リスカル／スペイン

サンジョヴェーゼ

フォンテルートリ・キャンティ・クラシコ／マッツェイ・フォンテルートリ／イタリア

メルロ

シャトー・メルシャン 長野メルロー／シャトー・メルシャン／日本

ナパ ヴァレー メルロー／ベリンジャー／アメリカ

ポムロール／ジャン・ピエール・ムエックス／フランス

マルベック

カテナ・マルベック／カ
テナ／アルゼンチン

グルナッシュ

ジゴンダス・ピエール・
エギュイユ／ポール・
ジャブレ・エネ／フラ
ンス

ナトゥラレサ・サルバ
ヘ・ガルナッチャ／アス
ル・イ・ガランサ／スペ
イン

カルメネール

マルケス・デ・カーサ・
コンチャ カルメネール
／コンチャ・イ・トロ／
チリ

ガメイ

モルゴン／ルイ・ラ
トゥール／フランス

ネッビオーロ

バローロ・コンテ・デル・
ウニタ／テロワール・
チェレット／イタリア

コルヴィーナ

コスタセラ・アマロー
ネ・デッラ・ヴァルポリ
チェッラ・クラッシコ／
マァジ／イタリア

カベルネ・フラン

シノン・シレーヌ／シャ
ルル・ジョゲ／フランス

タナ

シャトー・モンテュス／
ドメーヌ・アラン・ブリュ
モン／フランス

ピノタージュ

カデット ピノタージュ
／カノンコップ／南ア
フリカ

バルベーラ

カ・ディ・ピアン バル
ベーラ・ダスティ／ラ・ス
ピネッタ／イタリア

ネレッロ・マスカレーゼ

アルタ・モーラ エトナ・
ロッソ／クズマーノ／イ
タリア

アリアニコ

タウラージ ／フェウ
ディ・ディ・サングレゴリ
オ／イタリア

マスカット・ベーリーA

マスカット・ベーリー A
／岩の原葡萄園／日本

ワイン用語

本書に出てくる醸造、ワイン、ブドウなどについての用語をピックアップし、解説します。
各用語には掲載ページを併記しました。使用頻度の高い用語は章名を表記しています。

あ
___

圧搾……第6章醸造方法、第7章ブドウ品種
　ブドウを搾ること。圧搾機の中にブドウを入れ、圧搾する。白ワインでは発酵前のブドウの果汁を搾り、赤ワインでは発酵後のブドウを搾る。

アッサンブラージュ……176
　英語ではブレンディング。異なるワインを混ぜること。異なる品種や異なる畑、異なる樽、異なる収穫年のワインをブレンドする。複雑さを増すため、味わいのバランスをとるため、品質を保つためなどさまざまな目的でブレンドする。

アパッシメント……256
　ブドウを風通しのよい場所で陰干しにして乾燥させることでブドウ中の糖分の割合を高め、そのブドウで造る醸造方法のこと。

アメリカンオーク……60、第7章ブドウ品種
　ワインの木樽に使われる材料のひとつ。樽に使われる木材はオーク（楢）がほとんどで、その中でもホワイト・オーク（北米で育つオーク）を用いた樽のこと。

亜硫酸（二酸化硫黄）……20、83
　ブドウやワインの酸化を防ぐための添加物。亜硫酸は酸化しやすい性質があり、酸素と結合することでワインやブドウの酸化を防ぐ。樽や醸造タンクなどの殺菌、雑菌など微生物の繁殖を防ぐために用いられる。

アルコール発酵……88、91、第5章ワインの評価項目、第6章醸造方法、第7章ブドウ品種
　ブドウ中の糖分が酵母によって分解されてアルコール（エタノール）に変化する醸造方法のこと。

アロマティック品種／ノンアロマティック品種……173、197、207
　アロマティック品種は第1アロマの香りが強く感じられる品種のこと。対して、第1アロマの香りが控えめな品種をノンアロマティック品種、ニュートラル品種と言う。

アンフォラ（ジャー）……221、237
　素焼きの壺の一種でワインの発酵や熟成に使用される。ジョージアでアンフォラを使ったワイン造りが始まったとされており、ジョージアではクヴェヴリと呼ばれる。素焼きの粘土で作られているため樽と同様に微量の酸素を通す。旧来は液体を運搬するための容器であったが、現在では醸造や熟成の容器として使われている。

インパクト化合物……93、111、112、115、116、132
　ワインを特徴づける芳香性の高い香り成分のこと。例えばアロマティック品種であるソーヴィニヨン・ブランのパッションフルーツやグレープフルーツの香り成分であるチオール系化合物など。

ヴァン・ジョーヌ……127、161、162

フランスのジュラ地方で造られるワイン。白ブドウのサヴァニャンから造られる白ワインで、熟成中の目減り分の補填をしないために産膜酵母の形成が促され、酸化熟成するために独特の風味をもつ。

ヴァンダンジュ・タルディーヴ……205

フランスのアルザス地方で造られる甘口ワインのこと。ヴァンダンジュ（収穫）タルディーヴ（遅い）という名前の通り、数週間遅れて収穫することで、水分が抜けて糖度が増し、気候条件によっては貴腐菌がついたブドウになる。リースリング、ミュスカ、ピノ・グリ、ゲヴュルツトラミネールの4品種のみの使用と果汁糖分最低含有量が規定されている。

ヴィンテージ……180、217、229

ブドウの収穫年のこと。複数のヴィンテージのワインをアッサンブラージュしたワインであればノン・ヴィンテージとなる。

ヴェレゾン……86、89、91、138、224、244

ブドウが成熟して色づくこと。

ウドンコ病……第7章ブドウ品種

カビの一種が繁殖するブドウの病気。果実、茎、葉に白い胞子が付着して成長を遅らせる。防除には開花時に硫黄を含んだ農薬の散布や、ペンレート（ベノミル）剤による殺菌を行う。

A.O.C.……197、208、240

原産地統制呼称ワイン、アペラシオン・ドリジーヌ・コントローレ（Appellation d'Origine Contrôlée）の略。フランスのワイン法における最高ランクのカテゴリー分けで、この基準をクリアしたワインだけが表記できる。EUのワイン法ではA.O.P.（原産地呼称保護ワイン）だが、A.O.C.がA.O.P.の条件を満たしているためフランスではA.O.C.での表記が認められている。

エクステンデッド・マセレーション……第6章醸造方法、第7章ブドウ品種

醸造技術のひとつで、エクステンデッド（延長された）マセレーション（浸漬）という名前の通り、アルコール発酵後に長時間にわたって浸漬を行う。ブドウ果皮、種子と共に長時間の浸漬をすることでタンニンを抽出する。

O.I.V.……第7章ブドウ品種

国際ブドウ・ワイン機構。Organisation Internationale de la Vigne et du Vinの略。ブドウやワインに関する統計の発表や研究、基準の制定を行う。

遅摘みワイン……192、198

遅く収穫したブドウによって造られたワイン。

滓……33、他多数

醸造用タンクや瓶詰め後のボトルの底に沈んでいるブドウ果実由来のペクチン、ポリフェノール、酒石、タンパク質、さらに酵母菌体などの混合物のこと。

滓引き……**129**、第**6**章醸造方法、第**7**章ブドウ品種

　発酵後にワインの滓を取り除く作業で、滓を沈殿させた後に上澄みだけを別の容器に移す。この作業を数回繰り返して濁りのないワインにすること。

か

垣根仕立て／垣根栽培……**204**

　杭を等間隔で打ち、針金を渡してその間にブドウを植えて垣根のように仕立てる栽培方法。

陰干しブドウ……**118**、**246**、**247**

　アパッシメントを参照。

株仕立て……**236**

　ブドウの樹の栽培方法。針金などで固定せずに普通に植えた形、株のように仕立てる。

醸し発酵……**90**、**91**、第**6**章醸造方法、**204**

　ワインに果皮や種子、梗を漬け込み醸しながら発酵させること。赤ワインやオレンジワインで用いられる醸造方法。

揮発酸……**83**、**205**、**242**

　常温で揮発する酸の総称。ワインに含まれる揮発酸の大部分は酢酸（Acetic acid）で、一部酢酸エチルも含む。いわゆる酢のような香りがする。

貴腐ワイン……**84**、**118**、**127**、第**7**章ブドウ品種

　貴腐菌（ボトリティス・シネレア菌）の働きで糖度の高くなったブドウで造る極甘口のワイン。貴腐菌が成熟したブドウの果皮を溶かすことで水分が蒸発し、ブドウ中の糖分が高まる。このような状態になったブドウを貴腐ブドウという。貴腐菌は朝霧が出るなどの特別な条件で良い働きをするが、灰色カビ病を引き起こすこともある。貴腐ワインにはフランスのボルドー地方のソーテルヌ、ドイツのトロッケンベーレンアウスレーゼ、ハンガリーのトカイ・アスー・エッセンシアなどがある。

クヴェヴリ……**175**

　ワインの発酵や醸造に使われるジョージアの伝統的な甕の一種。アンフォラを参照。

グランクリュ／プルミエクリュ……**41**、**189**

　グランクリュは特級、プルミエクリュは一級のこと。フランスのブルゴーニュ地方やシャンパーニュ地方、またアルザス地方ではグランクリュの規定がある。ブルゴーニュではA.O.C.の頂点がグランクリュで次いでプルミエクリュ、畑名、村名となっている。

嫌気的／嫌気的環境……**145**、**146**、**151**、**166**、**172**、**200**

　酸素を通さない（含まない）ことによって酸素がない状態であること。密閉タンクなど。

原産地呼称法……150

　原産地呼称とは、ワインや農産物の材料の原産地を表示することで、消費者が判断しやすくしたり、生産地を保護するためのもの。ヨーロッパのワインは各国のワイン法によって規定されており、フランス、イタリア、ドイツ、スペイン、アメリカ、オーストラリア、南アフリカなど多くの国に存在する。生産地、品種や栽培方法、アルコール度数、醸造方法などが定められている。日本では地理的表示保護制度（G.I.）があり、G.I.山梨、G.I.北海道、G.I.山形、G.I.長野、G.I.大阪がワイン産地として認定されている。

好気的／好気的環境……172、177、181

　酸素を通す（含む）環境で酸素があること。木樽熟成など。

コールド・マセレーション（低温浸漬）……第6章醸造方法、第7章ブドウ品種

　タンクに入れたブドウの発酵プロセスが開始しないように低温に保ちながら、果実からの化合物の抽出を増やす醸しの方法。アントシアニンなどの色素や香り成分を増加させる。

黒とう病……206

　果実や枝に円形黒褐色の小斑点が生じ、奇形や枯死を引き起こすブドウの病気。

さ

シュール・リー……33、94、125、151、159、第6章醸造方法、第7章ブドウ品種

　アルコール発酵後に沈澱した滓を取り除かずに、そのままワインと一緒に熟成させる醸造方法で、フランスのロワール地方などで用いられている。滓由来の成分がワイン中に抽出される。

除梗……136、第6章醸造方法、第7章ブドウ品種

　ブドウの果梗を取り除くこと。

スキンコンタクト……91、95、第5章ワインの評価項目、第6章醸造方法、第7章ブドウ品種

　破砕したブドウをタンクに入れて低温で果皮と果汁を一緒に漬け込むこと。果皮に含まれる香り成分や色素が抽出される。

スティルワイン……94、186

　発泡していないワインのこと。発泡性のスパークリングワインの対となる呼び名。

スラヴォニアンオーク……175、228、246、254

　ワインの木樽に使われる材料のひとつ。樽に使われる木材はオーク（楢）がほとんどで、その中でもクロアチアのスラヴォニア地方のオークを使った樽のことを言う。イタリアでよく使われている。

清澄／清澄剤……83、94、98、第6章醸造方法、第7章ブドウ品種

　熟成が終わったワインの滓や不純物を沈めて透明度の高いワインにする工程のこと。ワイン中のタンパク質やタンニンなどを清澄剤である卵白やゼラチン、ベントナイトなどを加えて滓や不純物を沈澱させることによって取り除く。

ゼクト……**192**

ドイツやオーストリアで造られるスパークリングワインのこと。

セニエ法……**186、220**

ロゼワインの醸造方法で、黒ブドウを破砕してタンクに入れて一定期間醸し発酵を行い、その後一部の果汁を抜き取り別のタンクで発酵させる。

セミ・マセラシオン・カルボニック（半炭酸ガス浸漬法）……**240**

マセラシオン・カルボニックと異なり二酸化炭素を人為的に加えるのではなく、アルコール発酵から生じた二酸化炭素を利用し、タンク内を無酸素状態にすることでマセラシオン・カルボニックを行う醸造。

セレクション・ド・グラン・ノーブル……**205**

フランスのアルザス地方の甘口ワインの名称。リースリング、ゲヴュルツトラミネール、ピノ・グリ、ミュスカの4品種の貴腐ブドウのみの使用と果汁糖分最低含有量が規定されている。

ソフトプレス……**205、255、256**

ブドウを柔らかくプレスすること。

た
_____

棚仕立て……**204**

ブドウの栽培方法のひとつ。日本のブドウ栽培の伝統的な仕立て方法で、目線より高い位置に棚を作ってブドウを這わせて成長させる。風通しが良くなるので湿度の高いスペインのリアス・バイシャスなどの地域でも用いられている。

直接圧搾法……**186**

ロゼワインの醸造方法のひとつ。黒ブドウを直接圧搾して果皮の色素を果汁につけ、白ワインと同じように果汁のみで醸造する。

D.O.C.……第**7**章ブドウ品種

統制原産地呼称ワイン、デノミナツィオーネ・ディ・オリジネ・コントロッラータ（Denominazione di Origine Controllata）の略。イタリアのワイン法におけるD.O.C.Gに次ぐカテゴリー。

D.O.C.G.……**150**、第**7**章ブドウ品種

統制保証付原産地呼称ワイン、デノミナツィオーネ・ディ・オリジネ・コントロッラータ・エ・ガランティータ（Denominazione di Origine Controllata e Garantita）の略。イタリアのワイン法における最高ランクのカテゴリー。

ドメーヌ……**222**

ブドウ栽培からワイン造りまでを一貫して自分たちで行う生産者のこと。

トリクロロアニソール（TCA）……61

コルクの原料であるコルク樫に元々存在したか、成形の過程で発生した菌類代謝物である有機化合物。濡れた段ボールや雑巾の臭いと言われ、ワインに不快臭を生じさせる。樽、木製容器、木製資材、貯酒・熟成室の木製の壁等を塩素系殺菌剤で洗浄・清掃した場合にも生じる可能性がある。

な

ヌーヴォー……240

その年に収穫したブドウで造る新酒のこと。本来はその年のブドウの味わいを見るために造られていた。

ノンコラージュ……98

瓶詰め前に清澄剤での清澄工程を行わないこと。コラージュとは清澄という意味。

ノンフィルター（無濾過）……98

瓶詰め前に濾過（フィルター）の工程を行わないこと。フィルターをかけたワインに比べて濁りが残る。

は

灰色カビ病……第7章ブドウ品種

ボトリティス・シネレア菌というカビがつくことで起こるブドウの病気。着色不良や不快なカビ臭がつくことがある。この病害は、除葉を行い果実周辺の風通しを良好にするなどの栽培管理が大切となる。防除にはイプロジオン水和剤などが使用される。一定の良い条件でボトリティス・シネレア菌がついた場合は、貴腐ワインの原料ブドウとなることもある。

培養酵母……83

もともと自然界にあった酵母の中で優秀なものを選抜、培養しフリーズドライで乾燥状態にしたもの。販売されている。

破砕……第6章醸造方法、第7章ブドウ品種

収穫したブドウの梗を取り除き（除梗）、つぶす（破砕）工程のこと。

バトナージュ（攪拌）……208、210、211

タンクでの醸し時に何らかの道具を使ってかき混ぜること。底に沈んだ滓や酵母をかき混ぜることで成分抽出を促し、上部と下部を均一にする。

花ぶるい……234、238

受粉、結実が悪いなどで極めて多くの落果が発生し、果房につく果粒が少なくなり、収穫量が減る現象。花流れとも言う。若木や樹勢の強い結果枝に生じやすいほか、窒素過多や強剪定、開花結実期に低温により花粉から花粉管が伸びない、多雨によりめしべに花粉が受粉しない、ホウ素欠乏などさまざまな原因によって起こる。

瓶内二次発酵……33、94、186、188、191

瓶の中で2回目の発酵を行うこと。瓶詰め時に酵母と糖分を追加することにより、瓶内でアルコール発酵が起こり、密封されているため旨味や炭酸ガスがワインに溶け込む。シャンパーニュは瓶内二次発酵で造られる。

ファーストラベル／セカンドラベル／サードラベル……217

フランスのボルドー地方などで行われているシャトー内での、ワインのランクづけのこと。ファーストラベルは生産者にとって最上級のワイン、セカンドラベルはファーストラベルに使用しないブドウや別の区画のブドウを使いやや抑えた価格帯のワイン、サードラベルはそれより下のカジュアルなワインと分類されている。

フィロキセラ……212、254

ブドウネアブラムシという害虫のこと。ブドウの根や葉に寄生して栄養を吸収してブドウを枯らす。19世紀に世界中に蔓延し、多くのワイン産地に被害を与えた。フィロキセラに耐性のあるブドウの木を台木にすることで対策している。

フードル……237

熟成用の大樽のこと。ドイツ、フランスのアルザス地方で主に使われる大樽の呼び名で、サイズは500 〜 1,000L程度が多い。

フリーラン・ジュース……151、159

圧搾の際に、圧力をかけて搾らずに破砕したブドウから自然に流れ出た果汁のこと。対して圧搾して絞った果汁をプレス・ジュースと呼ぶ。

ブレタノミセス酵母……225

ブレットと呼ばれる欠陥臭(4-エチル・フェノール、4-エチル・グアイアコール)を生成する酵母。これらの臭いは馬小屋臭、ジビエ臭と言われ欠陥臭に分類されるが、低濃度であればワインの特徴的な香りとして捉えられる。

プレ・マセレーション……171、216、220

収穫後のブドウをアルコール発酵前に低温で果皮と果汁を接触させておくこと。コールド・マセレーションや低温浸漬と呼ぶこともある。

フレンチオーク……第6章醸造方法、第7章ブドウ品種

ワインの木樽に使われる材料のひとつ。樽に使われる木材はオーク(楢)がほとんどで、その中でもセシル・オークやペドンキュラータ・オークを使った樽のこと。

ベト病……第7章ブドウ品種

湿度の高い地域で繁殖し、花や葉、果実に白いカビ状の胞子が形成され、落花、落葉、落果させる。予防にはボルドー液(硫酸銅＋生石灰＋水の混合溶液)を散布する。

ボージョレ・ヌーヴォー……123、139、161

フランスのボージョレ地区の新酒のこと。ヌーヴォーを参照。

ポンピングオーバー……**234**

発酵中にタンク下部からポンプでワインを吸い上げて上部から戻す作業。上部に溜まっている果帽（果皮などの固形成分）を沈めて撹拌することで果皮や種からの色素などの成分を抽出する。フランス語ではルモンタージュと言う。人や機械が櫂を使って上から果帽を押し入れることをピジャージュと言い、ポンピングオーバーと目的は同じ。

ま

マセラシオン・カルボニック（炭酸ガス浸漬法）……**139**、**240**

人為的に炭酸ガスを充填したタンクにブドウを破砕せずに入れて発酵させる技術。主に新酒で使われており、色の鮮やかなフレッシュでフルーティーなワインに仕上がる。キャンディーのような独特の香りがある。

マセレーション／マセラシオン……**91**、第**6**章醸造方法、第**7**章ブドウ品種

ブドウの果皮や種子を果汁に漬け込むことで、色素やタンニンなどさまざまな成分を抽出する。醸し。

豆臭……**83**

2-アセチル-1-ピロリンによるだだちゃ豆のような臭いで、野生乳酸菌による異臭である。また鼠の尿で汚れた巣の臭いを想起させる不潔感のある異臭はアセチルテトラヒドロピリジンに起因しマウス・フレーバーと呼ばれる。

マロラクティック発酵（MLF）……**35**、**83**、**86**、他多数

リンゴ酸が乳酸菌により乳酸に変化する発酵。酸味がまろやかになり複雑な味わいになる。主に赤ワインで行うが、一部の白ワインでも行われる。

ミクロオキシジェネーション……**249**

醸造中のタンクの中に、微細な酸素の泡を注入することで酸化を促し、タンニンの味わいを和らげる醸造技術。

メイラード反応……**50**、**101**、第**5**章ワインの評価項目、**176**

ワインに含まれる糖分とアミノ酸が反応するアミノカルボニル反応のこと。色が褐色になり焦げ香が出てくる。カラメル、肉の焼き色なども同じ機序によって生じる。

や

野生酵母……**20**、**83**、**176**

ブドウの果実や空気中などに存在する天然の酵母のこと。

協力販売元、メーカー一覧

社名	TEL	HP
株式会社アルカン	03-3664-6591	https://www.arcane.co.jp/
株式会社飯田	072-923-6244	https://www.iidawine.com/
株式会社稲葉	052-741-4702	https://www.inaba-wine.co.jp/
株式会社岩の原葡萄園	025-528-4002	https://www.iwanohara.sgn.ne.jp/
ヴィレッジ・セラーズ株式会社	0776-72-8680	https://www.village-cellars.co.jp/
エノテカ株式会社	0120-81-3634	https://www.enoteca.jp/
オルカ・インターナショナル株式会社	03-3803-1635	https://www.orca-international.com/
キリンホールディングス株式会社	0120-676-757	https://www.kirinholdings.com/jp/
サッポロビール株式会社	0120-207-800	https://www.sapporobeer.jp/
サントリー株式会社	03-5579-1000	https://www.suntory.co.jp/wine/
ジェロボーム株式会社	03-5786-3280	https://www.jeroboam.co.jp/
株式会社JALUX	03-6367-8756	https://www.jalux.com/
株式会社都光	03-3833-3541	https://www.toko-t.co.jp/
豊通食料株式会社 ワイングループ	03-4306-8539	https://www.toyotsu-shokuryo.com/
株式会社中川ワイン	03-5829-8161	https://nakagawa-wine.co.jp/
日欧商事株式会社	0120-200-105	https://www.jetlc.co.jp/
日本リカー株式会社	03-5643-9770	https://www.nlwine.com/
光が丘興産株式会社	03-5372-4619	https://www.jcity-hikari.co.jp/
株式会社ファインズ	03-6732-8600	https://www.fwines.co.jp/
株式会社フィラディス	045-222-8871	https://firadis.co.jp/
株式会社フードライナー	0120-28-6683	https://www.foodliner.co.jp/
株式会社マスダ	06-6882-1070	https://southafricawine.jp/
三国ワイン株式会社	03-5542-3939	https://www.mikuniwine.co.jp/
株式会社モトックス	0120-344101	https://www.mottox.co.jp/
モンテ物産株式会社	0120-348-566	https://www.montebussan.co.jp/
株式会社ラック・コーポレーション	03-3586-7501	https://www.luc-corp.co.jp/
WINE TO STYLE株式会社	03-5413-8831	https://www.winetostyle.co.jp/

写真協力

株式会社岩の原葡萄園	025-528-4002	https://www.iwanohara.sgn.ne.jp/
サントリー株式会社	03-5579-1000	https://www.suntory.co.jp/wine/
丹波ワイン株式会社	0771-82-2003	https://www.tambawine.co.jp/